以简致的手法还原食材本质
探寻烹艺的可能

Minimal cooking exploring the sense of taste,
Less is more

玩味简烹 ❷

THE ART OF
SIMPLE CUISINE

Ⅱ

林贞标

LIN
zhenbiao

著

河北科学技术出版社
· 石家庄 ·

图书在版编目（ＣＩＰ）数据

玩味简烹 .2/林贞标著 . -- 石家庄：河北科学技
术出版社 , 2022.10
ISBN 978-7-5717-1225-9

Ⅰ .①玩… Ⅱ .①林… Ⅲ .①烹饪－方法 Ⅳ .
① TS972.11

中国版本图书馆 CIP 数据核字 (2022) 第 156619 号

玩味简烹 2

WANWEI JIAN PENG 2

责任编辑：李　虎　　　　　　　封面设计：今朝风日好
特约编辑：刘　昱　徐艳硕　　　排版设计：刘　艳
美术编辑：张　帆

出版发行　河北科学技术出版社
地　　址　石家庄市友谊北大街 330 号 (邮编：050061)
印　　刷　北京地大彩印有限公司
经　　销　全国新华书店
开　　本　787mm×1092mm　　1/32
印　　张　8.25
字　　数　200 千字
版　　次　2022 年 10 月第 1 版
印　　次　2022 年 10 月第 1 次印刷
定　　价　65.00 元

我真的想做一个美食家。

秋，是一个总让人沉思的季节，特别是像我这种多愁善感的人更是
不能自已。

前些日子我过生日，食友爽爽发来信息庆生，同时收到她精心准备
的一份很特别的生日礼物。我心感动，感恩。听闻爽爽身体再次转
差，作为好友我却无能为力，心中平添了几分哀愁，再次深深地感
受到深秋的悲伤。

与爽爽相识是因食结缘。爽爽对吃有着超乎常人的热爱。记得刚认
识时，她正到处游吃，食量不输给七尺男儿。我也因此了解到她的

一些饮食习惯。她说自己无食不欢，东西南北的菜都喜欢吃，而且也不怎么重视饮食调和之道，不饮茶，不喝咖啡，不饮红酒。我当时听后心中隐隐感到不妥，劝她多饮茶，多吃白水菜，否则身体会出问题的。没想到一别经年，一语成谶，竟然真的出了大问题。这些年一直为她默默祈祷，希望她能尽早康复。由于爽爽对吃太过热爱、执着，身体稍微好转便又四方游食，如此反复，致使身体每况愈下。

我在担忧的同时，又有了一丝自责。我们号称美食工作者，追求吃，传播吃，谈吃论饮，但这究竟给身边的朋友带去了什么？难道追求美食只是为填口腹之欲？

中国有几千年的饮食文化不假，但它是形成于几千年的历史演变过程中。对于劳苦大众而言，能吃饱的日子不多，正因吃不饱，才把吃看得至关重要。

而如今中国发生了翻天覆地的变化，温饱不再是问题，吃好才是关键。但今天还是有人把吃得奇、吃得贵当作身份的象征和权贵的体现。殊不知，身体对营养的需求是非常有限的，一个人在饿肚子的时候，吃第一碗饭的价值最高；吃第二碗的时候，价值就没第一碗高；到第三碗的时候，就成为一种负担；到第四碗的时候，它就是毒药。现在常见一类不敢自称美食家，只敢自称"吃货"的人，不过外人还恭维他们为"美食家"。

究竟怎样才算"美食家"，目前没有标准。我认为美食家起码得吃得素雅，体形、体态、身体味道、言谈举止等，起码得和雅有点关系吧。不要把自己吃出一身毛病，吃成膏肥脂满的横行物——这样的哪里算"知味人"，顶多也就是个吃货而已。

这些年，我混迹于吃的江湖，也好自称为"吃货"，但现在是真的不喜欢这个称呼。吃货充其量就是比果腹的人吃得更多样化一点而已。人生于偶然，长于吃，甚至也死于吃（常言道"病从口入"）。如果连我们这帮号称"玩吃""研吃"的人，还吃得九死一生、毛病缠身，那岂不是在浪费好物？若如此，我宁可从此相忘于吃的江湖。人生总该做一点有意义的事，因此从今天开始我要做一个真正的美食家，我将致力于研究怎样吃得健康、吃得美，包括在菜品的设计理念上，怎样淡而能雅、贵而不奢，尝美味又能调五脏，尽量做到让人在身心康泰的基础上去谈美味。

或许，有人会说："标哥，你这是一厢情愿，是行不通的。我们经营酒楼会所，如果没有这些高端的食材与花样，怎么卖出好价钱？"其实我也明白，目前这种不健康的饮食观念和习惯还是主流。但我相信合理与健康的饮食方式是很多人所向往的，最终能成为共识。关于经营成本的问题，还是认知习惯在作祟：一根萝卜怎么就不能卖出一两百元？只要在技艺与理念上去创新，做出好吃而有特色的萝卜，它也可以卖出鲍鱼价。书画家一张纸、几滴墨水也能卖出大价钱，其实烹饪和画画一样是手艺活儿。凡事要变革创新，总有先行者。我个人的愿景是力争为身边的朋友带去更健康的饮食理念，为这个社会留下一点合理的饮食认知。若能如此，我愿已足，至于是先贤还是先烈，这已与我无关！

2019年中秋有感而发，是为自序。

目录

再唠简烹

花样做肉

就爱吃鱼

海鲜要鲜

蔬菜灵魂

米饭变奏

再唠简烹

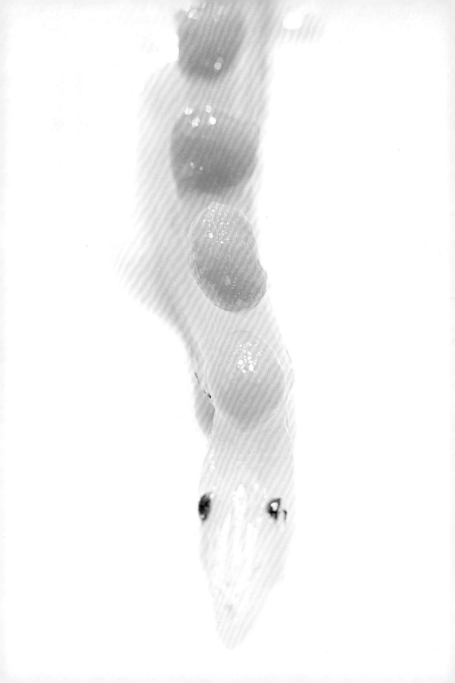

逛菜市场，是一个好厨师的基本功

前些日子，有一个小伙来跟我学做菜，说愿意跟我三年，希望学到我的简烹理念。我问，你知道做一个好厨师第一关键的是什么吗？他回答道，要懂得调味和用火，刀工也要好。我听完就笑了，跟他说，不对，第一步也是最关键的一步，就是要会逛菜市场，要懂得买菜。一个好厨师要做的是一桌菜，而不是一个菜；做好一个菜那叫厨子，不叫厨师。做好一桌菜需要在脑海里有系统的规划，第一道菜上什么，最后一道菜上什么，承上启下，才能搭配好一桌菜。

一桌菜就是一幅作品，容不得一点差错，所以好厨师在逛市场的时候，一桌菜该如何搭配，因时、因地、因材要了然于胸。每一块肉的不同部位要知道它的熟化点，每一种菜要知道它的季节，不同养殖方式下的鸡要知道它的处理方法，等等。此外，咱们厨师不能离开汕头或其他哪个家乡就做不了菜了。要叫材料都从汕头运过来，那就只是厨子，成不了"师"。

世界之大，每地的食材都不一样，做一个好厨师首先要学识食材、明物性、懂吃理，所以逛市场是一个最重要的入门。而且，逛市场可以了解不同地区的风土人情，市场是真正的人间烟火，从历史到民俗，上至国家大事，下至流言八卦，在菜市场全都能听到。前段时间去东莞逛菜市场，就听到卖菜的阿姐们交头接耳道，听说现在的鳝鱼都不能吃了，全是喂避孕药的。隔壁卖鳝鱼的大姐一脸不高兴。我刚好想买些鳝鱼回去做个蒜焗鳝段，便问大姐，鳝鱼都是吃避孕药长大的，不知还能吃吗？那大姐一听急了，一手捞出一条鳝鱼，一手拍着胸口说："没药没药，你看我天天吃鳝鱼，长得多美。"我听完哈哈哈大笑，便买了她的两斤鳝鱼。

菜市场是快乐的。要做好一个厨师就得学会感受菜市场的快乐，了解它的内涵。一个卖了一辈子猪肉的老哥，永远比你清楚猪身上哪块肉最好吃，以及最佳和最简单的做法；而卖菜的人，永远最清楚什么时候的菜最好吃。所以菜市场是一个大学堂，一个实操的好去处。

我去每个地方都会去逛菜市场。不同地方的菜市场风情与当地的气候、饮食习惯息息相关。比如大西北一带，他们以牛羊肉为主，整个市场血肉横飞。去逛的时候想多问几句，看到卖肉的大哥瞪着血红的眼睛，提起手中的大砍刀，喊一声"兄弟来哪块"时，我这个只逛不买的外地人吓得撒腿就跑。

逛到北京冬天的菜市场，我这个南方人最是好奇不止。看着大爷大妈都给菜盖上一床棉被，一掀开里面有整捆的大葱，还有洋葱、比小孩高的大白菜，还有猪肉，都要一大块一大块地往家里搬。后来才明白，不是北京人天生爱吃大白菜和大葱，实际上是气候造成的。

去到沈阳，满菜市场有股子酸菜味，原来这里有泡菜一条街。

再往大连逛过去，那是另一番天地。那里铺天盖地的海鲜，海胆是又肥美又便宜。但为什么大连人做海鲜的水平却一般呢？起初想不明白，后来知道了，原来大连虽靠海，但冬天冰天雪地，所以他们喝大酒、侃大山，生性相比南方人粗犷，结果伺候不了海鲜这等娇嫩之物。

再往回走，到了江南的舟山、台州一带，则鱼虾、螺贝随处可见，而且便宜。江南人多细致精巧，伺候起水产之物来头头是道。

继续往南，走到了地处热带的海南岛，景象又不同，满是椰子、海鲜和青草药。在三亚，一到菜市场的门口就闻见青草药的味道，这里的椰子鸡很盛行。二十年前在三亚逛菜市场看到一种肉，一大坨又不像猪肉，一问才知是鲨鱼肉，一斤两块钱。我买了几斤回去研究，做了几道鲨鱼菜。

一路逛到了云南昆明、大理，这里的菜市场像一个花的世界，到处是野山菌和食用花，还有各种昆虫。我对菌类的点滴烹煮法门就是从云南的菜市场学回来的。

再去香港逛，香港的不叫菜市场，叫"街市"。每次去香港最开心的就是逛街市，原来的金鱼街、大埔墟、元朗墟这些街市，因为城市发展的原因，已经变成商场。如今去香港只能逛铜锣湾的鹅颈街市、北角街市和中环街市，那里中西合璧，各种商品琳琅满目。有一种可生吃的猪腿，叫"西班牙伊比利亚火腿"，最早就是从那里知道的。

逛过最美的市场是在新西兰，他们叫"集市"，在一公园里摆摊设点。逛市场就像逛公园，那里摆放了很多桌椅，供人们休息与用餐。不过当时行程匆匆，未来得及买些当地食材试手，只看到他们把龙虾煮熟了切两半卖，就买了一个就地解决。

但要说到逛菜市场最大的乐趣，还要数在广东，特别是我的老家潮汕。汕头位于北回归线上，终年四季如春，所以一整年菜市场都丰富又鲜活，这是许多地方无法比拟的。在汕头逛菜市场享受到的服务很特别，潮汕人做生意的热情、细致可谓世间少有。比如据不完全统计，一头猪可分为二百多个部位出售；又如一条草鱼可分成十多个部位销售，而且服务非常到位。这儿的人对于时令达成了共识，"不时不食"是大多数家庭主妇的基本常识。但有一点不好，一条鱼或一头猪好的部位有限，于是有些小贩便以次充好，这就要考验厨师的经验与眼力了。

说了那么多，要做一名好厨师，第一步必须学会买菜，耐心地逛市场。在市场中寻找灵感，随时捕捉不同的食材做不同的组合，这样才能推陈出新。对食材了解得越多，才能让普通食材发挥出闪亮的一面。

菜系，味型也

很多人经常问我："标哥，什么才是粤菜正宗的做法？潮菜的秘诀是什么？"我一听到这些问题，就忍不住要骂娘。

人类的吃喝本来没有什么秘诀，都是劳动人民不断地累积经验而来的，哪有什么做法一定是正宗的！吃喝住行乃由特定的时期、特殊的物质条件所决定。你说传统是从爷爷开始，还是从爷爷的爷爷开始呢？要成为一个好的厨师，必须先明白这些基本道理。

当你把各个地方的食材、特产、饮食习惯等搞清楚，便会明白，各个菜系并不是由独特的做法和秘方决定的。所谓菜系，最重要的是味道的记忆。比如粤菜，就很难用特别恒定的标准来说。因为广东省东、西、南、北地理特征差异很大，有海岸、山区、河湖和平原，不同地区的饮食差异很大。

早期有"吃在广州"之说，不是说广州人的厨艺好，而是广州食材极其丰富。这造就了粤菜系有许多分支，从以江太史为风向标的广府菜、顺德菜，到雷州一带的雷州菜，再到沿海而下的汕尾、汕头，各有其烹饪习惯和特色味道。像汕尾海陆丰一带，既有山又有海，所以保持着原生态的海鲜烹饪习惯和半山客的习俗；而擂茶，也就是菜茶，在珠三角一带以陈皮、阳江豆豉的味型为主。

我重点来谈潮汕菜的味道。豆酱、芹菜段、辣椒丝这三样，即便是拿到日本煮个金枪鱼，也是潮味儿。其他还有咸菜、萝卜干、沙茶酱，煮什么都是潮味儿；就像只要辣椒油、花椒、麻油放得够多，煮什么都是川菜味儿。这就是味型决定菜系特征。

说完了背景，接下来仔细介绍一下决定潮汕菜味型的这几种风物。

其一，豆酱。豆酱原产地普宁，但用得最广的应该是在汕头。最常见是用作蘸料，鱼饭必备。豆酱水煮鱼、豆酱焗蟹、豆酱焗鸡、豆酱炒空心菜，等等，数都数不过来。总之，豆酱一出，无菜不潮汕。

其二，鱼露。鱼露也是潮汕菜特有的食材，无论腌菜、炒菜、煮肉或煲汤，滴几滴鱼露便鲜美无比。对于鱼露，有些外地人吃不惯，觉得腥——没错，鱼露我们当地话就叫"腥汤"。但如果入菜得法，那是画龙点睛，特别是煮猪肉或猪蹄时放几滴，是又鲜又甜，要不怎么叫"鱼羊鲜"呢！

其三，沙茶酱。沙茶芥蓝炒牛肉是汕头的招牌菜，沙茶酱拿到日本炒个和牛芥蓝，也还是潮味儿。

所以说分化菜系的，是味型。味型是一地特有的产物记忆，与当地的风土人情密不可分，是环境演化的味道，而不是闭门空造的味道。

我推崇的简烹理念，是和一般厨师相比，以更少的调味料、更少的香辛料、更简便的烹饪手段来彰显食物的本味。那么，是否所有菜都白煮最简烹？也不尽然。确实，我有几道菜是不用任何手段和调料的，比如清水菜、猪颊肉。那是因为非其如此，不可体现材料之天然精妙。这不是偷懒，而是对材料的最高礼赞。

但也不是每种材料都适合这种礼赞。况且烹饪是个游戏，单一玩法就没意思了。所以，我们讲到搭配。打个比方，绘画中红加蓝变紫，但红和蓝的比例不同，会变成不同的紫色：玫瑰红也是红加蓝，龙胆紫也是红加蓝……单这两种颜色，能变出许许多多的花样。但如果赤、橙、黄、绿、青、蓝、紫全部加在一个调色盘里，只会得到污浊的黑色。做菜，亦是同理。我提倡简烹，就是实在不想再吃那些污浊的黑色料理。

长白山木耳 ① 燕窝 郑丽纯 赠 鱼胶

人参 长白山木耳 ② 铁皮石斛 陈皮 药材 补品

在本书中，你会发现大多数菜虽只使用一两种食材，味道却有一定的层次和丰富性。这就显出"横味"的重要性来。"横味"一词来自潮州话，有点难解释，就是"画龙点睛"的那个"睛"。体现在制作上，它可能是一点点香辛料，如九层塔、柠檬、橙皮、芹菜之类，或荤味的腊肠、火腿之类。这两类"横味"有个共同特点：气味强烈，个性鲜明。

它在一道菜里的作用，一是增加味觉的冲击力和丰富度；二是像钉子一样，将两种食材各自为政的味道铆合在一起。没有它，菜的味道是离散的；有了它，就融合在一起。一道菜加什么材料作为"横味"，是靠灵感和试验得来的，不是一成不变的。有时候同一种菜，采用不同的"横味"，整体味道会截然不同。烹饪的乐趣，便是由此而来。

饮食方式的觉醒

平日匆匆，甚少看电视剧，近日看了一部《觉醒年代》，醍醐灌顶——"花无重开日，人难再少年"。人生匆匆百八十年，在这个过程中什么最重要，意义何在？追问人生的意义、智慧人生的意义、何谓意义，便是人生不同阶段的觉醒。在20世纪初，国无宁日，民不聊生，那时的觉醒是寻找救国之道。几代人的奋斗与牺牲铸就了如今的国泰民安，一派繁荣。

但是个人与国家一样，无远虑必有近忧。中国人从过去没饭吃，到如今吃太饱，富贵病多发。我身边的许多朋友，年过五十就纷纷沦陷，不是糖尿病，就是各种"高"——除了思想觉悟没提高，其他指标都高。如今虽逢盛世，我觉得也需要觉醒，特别是我们这些从事饮食文化传播工作的人。为什么20世纪五六十年代时，中国虽然不富裕，也没饿死、饿坏多少人；而现在却把人吃死、吃坏了？我觉得这是需要我们觉醒的地方。

民以食为天，吃得对、吃得健康是人民之福，也是国家之幸。强国者，必先强国人之体魄；而强体魄者，必先纠正饮食结构。所以，我觉得现阶段需要更多人从饮食习惯中觉醒过来，去思考和感悟何谓美味？如何在品尝美味的同时让身心得到安宁和舒泰？现在是我等饮食男女必须觉醒的时候。

吃面子，还是吃里子

前两年写《简烹1》时，有些朋友和我说："标哥，你这个理念行不通啊，按你这种理念和呈现，人家没办法请客。而且，偶尔带朋友去你的工作室吃饭，舒服是舒服，但终归意犹未尽，也觉得肚子空空的。"质疑的声音多了，也让我怀疑自己，这种理念是否正确。好在还有些志同道合的朋友支持、鼓励我，说我这种健康的饮食方式会是未来的选择。我自己也坚信，过去那种慢性自杀式胡吃海塞，是不符合新时代潮流的。

我发现现在越是有钱的人，越讲究面子，所以很多时候不是吃美食，而是吃面子。你来我这里做客，我不好酒好菜、大鱼大肉地往死里整，好像不给你面子；你整了一大桌子，我不吃的话就是不给你面子。我拼命吃了、喝了，又伤了身子；你搞了这么多也浪费了，伤了钱包子。所以，我们大家为了面子伤了里子。

这种面子文化在中国的发展进程中必将成为过去，我相信今后的面子，讲究的是生活方式精不精致、健不健康，会不会给社会生态文明带来副作用。等你懂得这些道理，也就真正有了人格上的面子。基于此，我坚信我推动的健康饮食方式终会有越来越多的人认同与践行，这也是我把简烹理念贯彻到底的动力。

花样做肉

肉的清洁与保存

早晨起来，发了个在菜市场买肉的朋友圈，做完早餐看到很多朋友回消息问：为什么肉一定要早买？问的人多，不及一一回复，索性写上一篇文字仔细说一下，权当送给朋友们的节日干货吧！

第一，肉要早买。比如猪肉，在猪宰杀两小时后，会开始氧化。经空气温度变化和人手接触等，氧化得会更快，其间受到各种细菌的侵袭。早上宰杀的肉类在空气中暴露到中午，会鲜味尽失，滋生各种细菌、异味。所以从味道和健康的角度来说，肉都要早买，即使不是现吃，也要趁早买回来，处理好再存放。

第二，买回来要早洗。肉从市场买回来要赶紧从袋中取出，因为袋里已经积了不少血水，肉一旦沾上血水，就有了腥臭味。所以，要赶紧用厨房纸把肉表面的血渍和水分吸擦干净；再把肉上的血管切除干净；用保鲜袋封装好，放入0℃左右的冰箱保鲜。这样处理的肉放三四天也很鲜美。

对了，不要心疼厨房纸，当用则用，这是我多年的研究心得！

2021年 端午

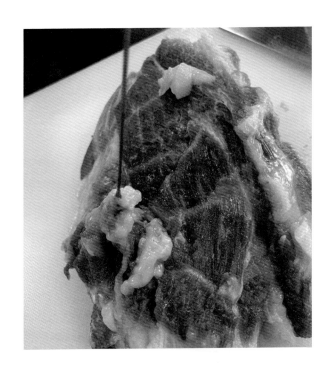

简烹猪粉肠

对于我热爱的猪粉肠，怎样烹煮才是我的最爱?

试了无数次，最让我满意的，还是简烹法。外面常见的做法有卤、炒、炸、炖，潮汕最多的是卤法加咸菜、胡椒粉。这些做法都是为了遮盖猪粉肠的异味，但其实它最好吃的就是原味。因为猪粉肠是猪的营养吸收器，猪吃下的食物转化成的营养成分都是通过粉肠吸收的。它是连接猪大肠的横结肠与小肠部分，这个部位没有大肠食物残渣深度发酵的异味，所以是猪体内最干净的活体发酵部位。由于每天吸收各种营养元素，脂肪香味最为浓厚;而且每天二十四小时都在伸缩工作中，所以纤维组织也很发达。

一般的粉肠微苦，但有一些特殊的猪粉肠不苦而且壁厚。有的厚如猪肚，那是爽脆异常，但那属于百年一遇了。

基于上述原因，猪粉肠及小肠很简单就能清洗干净。先在水龙头上冲一两遍，然后用粗盐搓一下，冲洗干净即可。烹饪时用冷水下锅，小火温煮至80℃左右，捞出再用冷水过一遍；换一锅干净的水烧开，再放入肠小火煮半小时，关火，续焖20分钟即可。取出后切段，蘸点酱油或鱼露，那是人间真味。

其肉特殊丰富的香气，有点难以形容，就叫活体酵素香吧。

作为一个南方汉族小伙，我最离不开的就是猪肉。幼时家贫，只能逢年过节尝到肉。以前农村卖的肥肉比瘦肉贵，因为肥肉用途多样化，可熬油可炒菜；20世纪80年代生活有了质的提高，变成瘦肉比肥肉贵，也是人们的需求变了。但不管怎么变，猪肉都是我生活中重要的一部分，尤其是近年来花了更多时间研究食材和料理。在所有肉类中，我觉得猪肉的味道最纯净，脂肪香气最纯。所以无论单烹还是入菜，我几乎都离不开猪肉。

十多年前，我为了弄明白整只猪哪个部位最好吃，每天早上六点起床，到菜市场等卖猪肉的大哥来。我指着想要的部位让他下刀，从猪鼻吃到猪尾，吃了两个月。后来觉得最好吃的部位是猪颊肉。关于这个部位在《简烹1》里细谈过，不再赘述。这里讲五花肉，五花肉是猪身上味道最干净的部位，而且肥瘦相间、口感丰富。

五花肉可煮、煎、卤、凉拌，特别是用于炒青菜或煮鱼时，起到画龙点睛的作用。但要想用得精妙，还须知其性、明其味。五花肉这一块其实还细分为不同的部分，比如靠前肢处白肉比较酥脆，靠后腿处白肉油脂较多、肉质较烂。所以凉拌、白灼、爆炒或做咕噜肉宜选靠前肢的部位，卤或炒菜宜选靠后腿的部位。

五花肉的精妙在于一块肉中包含了多个层次——肥、半肥、瘦和皮胶。煸油炒菜时建议去皮，因为不去皮油会炸；凉拌、白灼、爆炒时，则宜留皮，特别是白灼或凉拌时，皮的那种爽脆是很销魂的。采买五花肉时，品质看光泽度，拿到灯光下看，光泽度好的大抵不会差。

以下是几道五花肉的菜品。

食物好不好吃，有时与其环境条件息息相关。

前面写了一篇五花肉杂谈，这些年五花肉入菜多用来当配料，现在回忆起来还是当年刚进城打工时做的一道白煮五花肉最为美味。方法如下：

五花肉买回来冲洗一下，擦干水分，用盐腌20分钟；然后冲洗干净，整块300克左右冷水下锅；煮10分钟后关火，再焖3分钟，捞出切片，蘸鱼露、酱油或辣椒酱皆可。最后，把煮五花肉的汤放点白菜或生菜，加少量味精作为料汤。有肉有汤，配上一碗热乎乎的白米饭，齐活儿。

这样的五花肉菜是我的至爱。这道菜做法的关键点在于五花肉不能煮得太烂，还要趁热吃。

五花肉万岁之 蟹糊炒五花肉

这在五花肉里是一道大菜，是经过我苦思冥想才想出来的。

这道菜的完成，使我更觉得我对于做菜是一个天才——不经意想这么说，连我自己都不好意思了。

言归正传，这道五花肉菜原本是专门为南澳友人达江的海鲜大排档设计的。达江是我的好友，我们经常一起交流菜品，每次去南澳游泳时，他都要整很多好的海鲜给我吃。海鲜吃多了受不了，况且他又不收钱，我便经常让他换些肉给我吃。店里常备的只有五花肉，达江因尊重我和我们之间的感情，觉得简单煮个五花肉给我，又拿不出手。

我为了让他弄五花肉给我吃，想了个法子：挑两只小花蟹剁碎，类

似浙江一带的蟹糊，加入一点沙茶酱、料酒、酱油和切碎的小米椒，一起拌匀腌制，备用。五花肉同样选靠肩部的部位，切大薄片，快速氽过水；然后下锅，加入蒜片干炒，炒至五花肉干爽，不要出油，倒出备用。锅里放少许猪油，倒入腌好的蟹糊，加入葱段炒2分钟；最后倒入五花肉片，和蟹糊一起炒，炒至汁水收干即可。

这道菜下酒、配饭皆可，肉有蟹味，真正体现了鲜香兼备。低调奢华，成本低，又上得了厅堂。

自此我到达江这里，再叫他炒五花肉，他就不难为情了。有时他偷偷地把花蟹换成小青龙，我也心照不宣！

五花肉做凉拌，也是选靠近肩部的最佳——这个部位的五花肉肥肉带脆，瘦肉带脂肪，所以不柴。皮稍厚，也更显胶质。

五花肉买回来后切成薄片，在90℃水里快速过一遍，再用冷水洗净。一锅水烧开，放入五花肉，余烫30秒捞出，放入调好调料的汤中。调料可用小辣椒、香菜梗切碎、柠檬切碎、酱油、香油和少许盐一起拌匀。

这道凉拌肉下酒顶呱呱。

关于猪腿

昨天朋友和我说，早餐一般吃清淡点好。于是我昨天卤了一个猪腿，今早煮了碗山药粥来配。糯中带脆，胶而不烂。本来想只吃一半的，结果都干完了！其实猪腿如果卤得好，还真的不油也不腻。

做好卤猪腿有一些要点：第一，做好猪腿前期的清洁工作。先用清水冲一遍；再用粗盐在表皮上搓一搓，冲洗干净后沥干；然后用火枪在表面匀称地喷一遍；最后用刷子刷洗一遍，才算完成。第二，进入烹煮环节，先用小刀在猪腿最肥大的部位深插两刀，让里面的血水快速渗出，这样卤的时候更加入味。冷水下锅，没过整只猪腿，大火煮至80℃，捞出用冷水冲洗一下；再放回锅里，重用一锅清水煮上半小时，然后放入配料。配料主要是酱油（可用老抽和生抽比例1：2），加几勺鱼露、几个辣椒；没有鱼露的可以放几个虾干或墨鱼干。其他配料随意，八角、桂皮这些我基本不放，因为刺激性的香料会遮盖猪腿的香甜味，像香叶、豆蔻、草果、香菜可以适当放点。

做这种家常菜其实没有什么秘方，最关键的还是火候和咸淡的掌控。放入这些配料后中火再煮半小时，就可以关火了。把盖子打开一点，让猪腿在卤汤中自然冷却至50℃左右，取出用保鲜膜封好，放入冰箱冷藏。想吃时拿出来切几片，再用卤汤加热一下即可。

总结一下卤猪腿时的三个关键点：①不能卤得太熟；②清水煮四分熟再放配料，因为生肉类遇咸蛋白质会快速流失，待蛋白质和脂肪较为融合时再放咸料，较能锁住肉里的营养成分；③卤熟后忌马上捞出冷却，放在汤里冷却才能让肉里的汤汁回流。还有一些细节，等想到再补充吧。

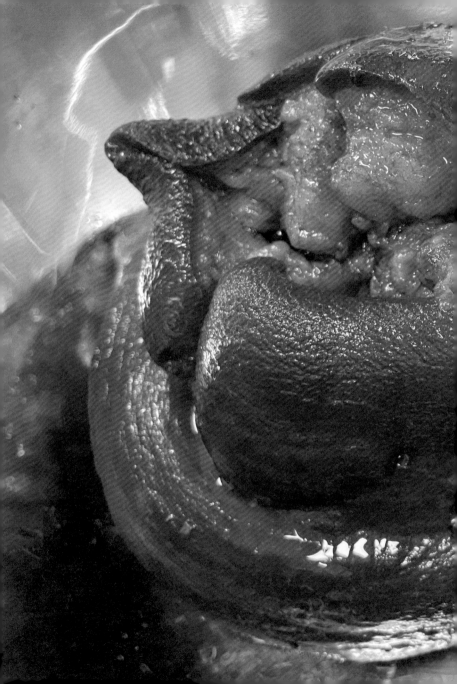

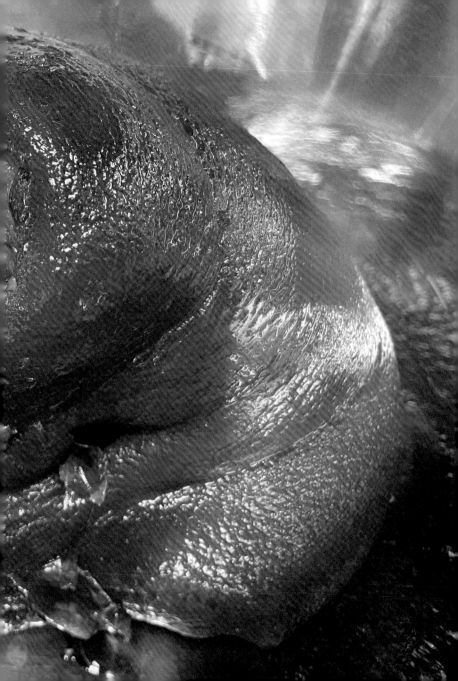

一桌家宴的灵魂
——肉汤

简烹的意义，就是好吃又简单。怎样在家做出一桌家宴，又不搞得厨房乌烟瘴气、自己灰头土脸？秘诀就是一锅肉汤。

知己蔻蔻梁每次听见我这话，都要撇嘴：肉汤，肉汤，你知道熬一锅肉汤多麻烦、多昂贵吗？林贞标你的良心都拿去熬肉汤了？

大家知道过去酒楼摆宴是大事，酒楼大厨熬高汤确实费时、费事、费钱，光材料就不得了：老母鸡、老鸭、瘦肉，有些用排骨，有些是加块牛肉进去提香。这自然不是现代家庭做得来的，但我们有更简单的方法：

取4两猪瘦肉、2片鸡胸肉或2个鸡腿，一起放入深锅，倒入5000毫升水大火烧沸10～15秒，迅速转至最小火。最好的状态是有气泡从锅底升起，但不见水沸腾。熬约1小时，捞去浮在表面的泡沫即可。

这样一锅清澈的肉汤就备好了，成本在汕头也就二十多块钱。材料可以用肉骨头，上好的当然是排骨；若你不喜欢浊汤，最好别用筒骨。骨头汤熬出来一般多油，所以要拿去冷冻一下，让油凝结在上层；用汤勺或锅铲撇去这一层油，再烧开备用即可。骨头汤的特点是香，上面的配方特点是鲜，诸位按需行事，多试验几次，就轻车熟路了。

传说过去厨师做高汤有一些秘诀。奢侈的办法是把鸡胸肉剁碎，揉成一个肉球，放入汤中。热汤会让它翻滚，一方面让它的味道融入肉汤，另一方面吸附汤里的油星和残渣；最后把它捞起来扔掉就行。有人恨见肉汤上的浮沫，一出现就要撇掉，但这样一来，汤里继续产生的浮沫没有了可附着物，汤反而不能彻底澄清了。所以，这些浮沫是有用的，最好最后才撇去。当然，如果火太大或过早撇去浮沫，也不是没有补救方法：最后打一个蛋清进去，它会在热汤里迅速产生大量泡沫，把血沫残渣和油星全部带浮到表面，用一个细网笊篱就很容易清理干净了。

这锅肉汤有大用处。煮贝壳时，打上两大勺，加几个蒜瓣，再来点九层塔；盖上盖子，大火烧煮至贝壳有一部分开口；关火焖1分钟，一道美味的海鲜贝壳就可以上桌了。贝壳可用海瓜子、花蛤、青口（贻贝）等。做鱼也是一样的方法，配料可自由增减，如加点辣椒或南姜、生姜等。我用它做过一条鲳鱼，看起来素净清爽，吃到最后大家把盘底的汤都用勺子刮走了。

剩下的汤可兑一半水，用白菜、青菜、芥蓝或各种瓜菜煮个白水菜，也美味得不行。白水菜当然不是白水煮出来的，但这个秘密只有厨房里的你知道哦！关键这锅汤的成本只有二十多块钱，却可以贯穿整桌菜的味道，真乃家宴的灵魂也。可谓是过了门的媳妇抓住老公胃的法宝，不过抓住了胃之后也别忘记抓住男人的钱包，关于这个，我不想教。

一道神来之笔的菜
——波罗蜜炖鸡

波罗蜜炖鸡，是一次意外之喜。我一直说有些经典菜品的出现，常常是偶然所得。

其实这道菜的诞生，既有灵光一现，也有借鉴他人之处。2020年底去了上海，照例是在兴国宾馆用餐，顺便和他们交流一些菜品的做法和意见。当晚黄斌总经理特意让厨师做了一道榴莲炖鸡，一出来让我非常惊艳。榴莲有特殊的味道，不喜者视其为臭，喜者视其为香。但神奇的是当它与动物性油脂一结合，特殊的味道没了，变成浓郁的香甜，所以令人惊艳。我跟黄斌总经理说这道菜可以保留，虽然其他地方可能嫌甜，但在上海这里相对能接受甜口。我说我感觉还有改进空间，好像少了点什么，一时想不到，遂作罢。

回到汕头以后，有一天整理冰箱时，发现冻着许多我老家庭院里种

的波罗蜜，就想着拿来做菜。这时想到兴国宾馆的榴莲鸡，觉得波罗蜜可以替代，因为气味与榴莲有异曲同工之处，而且甜度更低，比较清爽。最重要的是波罗蜜的核有点像板栗，也非常好吃，所以就决定试做一次。

第一次炖出来大体不错，但总感觉美中不足，缺了点什么。第二次炖时放了几片煸过的火腿，还有两个辣椒，这一次出来连我自己都惊呆了！汤好喝，肉也好吃，一碗接一碗吃不过瘾。这一次我终于明白是缺了一个媒介，辣椒就是甜和腻的媒介，这一点辣把波罗蜜的甜和鸡肉的油脂香完美地融合。加上火腿的咸香，这道菜注定要成为经典，但是还得感谢兴国宾馆黄斌总经理给我的灵感。这道菜具体操作如下：

将500~1000克鸡肉（或宰杀好的鸡洗净、切块）放入炖锅中，视鸡肉量加入100~200克波罗蜜。30克火腿片干煸出香味，和2个掰断的小米椒放入炖锅。再加入700毫升水，隔水炖2小时。最后，出锅时撇去鸡油，即可。

在澳门工作的好兄弟赵路，个大智慧高，对于吃的热爱程度不亚于我。我俩除了谈吃以外，还经常聊点心灵鸡汤。有时候想想，两个老男人老是聊鸡汤也有点毛骨悚然，但是鸡汤里有智慧，鸡汤里有真情。

有一日，赵路兄又奔赴汕头而来。上飞机前又在聊，有没有一口既有滋味，又不显山露水，又直落心扉的汤呢。

于是在赵兄飞来期间，我苦思冥想，终于拍案一试。发挥了专长——简烹，去厨房把小弟取鸡肉剩下的鸡腿大骨3根和去皮的马蹄6个，加300毫升纯净水，隔水炖1.5小时后，再加入香菜头4个（带2厘米梗）、花椒4粒，盖上盖继续炖10分钟，然后把汤滤出，装杯即可。

当晚信手拈来的一杯汤，赵路兄弟喝完后惊叹不已，称之为"心跳不已的汤"。

枇杷鸭骨汤

乳鸭池塘水浅深，熟梅天气半晴阴。

东园载酒西园醉，摘尽枇杷一树金。

——【宋】戴复古：《初夏游张园》

阳春三月，正是枇杷甜酸时，尚厨者自然要把当季盛产之物入菜。

之前宴请宾客时，把老鸭的腿及精华部分炖了请客，留下鸭骨及头脖等边角料。现在"废物"利用，清洗干净，飞水。放入炖锅中，加入3颗去皮去核的枇杷、半块10年的新会陈皮、3片煸过的金华火腿，再加3碗纯净水，隔水炖2小时即成。

汤清甜润，滋味悠长，成本低廉。

鸡蛋可以变着花样吃

——白玉盏

有时候在家想逗逗孩子或妻子，把常见菜变个花样。这边也有轻松可做的，如这道"白玉盏"。

鸡蛋整个煮熟、去壳，一切为二。把蛋黄掏出，放入碗中，取适量黑松露酱一起拌匀。再把拌好的蛋黄放回蛋白盏里，炒几颗松子撒在上面。最后，阳台采几枚薄荷叶的芯，每一盏上嵌一个。置于合适的容器里即可。

这样一道菜，只需家里备着鸡蛋、黑松露酱、松子，种着一盆薄荷叶，无论何时都可以做。

一块绝佳的茶点

有时做下午茶点，也可以很简单省心。

苏打饼干2块，一块铺上1片芝士片，切点腊肠碎片在芝士上，再盖上另一块。放入烤盘，用烤箱200℃烤5~6分钟即可。

老少皆宜，特别是在谈恋爱的小伙子最适用，烤一烤，事半功倍。

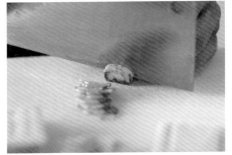

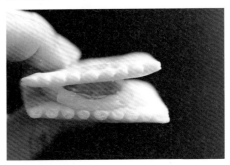

就爱吃鱼

鱼的保存方法

之前写了一篇关于怎样处理肉的文章，发到朋友圈和微博，不想引起了网友们的热烈关注，许多朋友请我再写一篇处理和保鲜鱼的文章。正好买了些鱼，趁周日得空，我就边处理边写下来供大家参考吧。

鱼买回来一定要在第一时间宰杀，除掉鱼腹中的内脏和脏物。用水充分冲洗，将腹中血污洗净，把鱼背上的鳞片刮净。因为造成鱼肉快速氧化的，正是它身上的黏液和腹内的污浊物。这些前处理步骤十分重要，处理得好，鱼怎么煮都是鲜甜的；处理不好，放再多佐料也没用。

冲洗干净后，把鱼放入大盆里，用盐水（比例50克盐、500毫升水）浸泡10分钟，期间多搅动几下。然后捞出，再用清水冲洗一遍，沥干，用保鲜膜封好放入冰箱。冷藏可保存4～5天，冷冻可存半年以上。

方法简单，胜在耐用。这样处理好的鱼煮起来和活的没两样，算是周日给朋友们的福利吧！

最爱巴浪鱼和花仙鱼

"巴浪鱼"和"花仙鱼"是我们汕头当地的叫法，具体学名、归类、属性我觉得无关紧要，那是专家的事。有的人写点食评就大秀专业水平，什么学名叫什么，来自西伯利亚海，属性如何如何，一定要显示出很有文化水平的样子。其实很多资料大家都可以查得到的，如果我也查了放书里显示我专业，大可不必。我相信他们买一本书就是要看你自己研究的成果，而不是搬资料来给他们看的。

巴浪鱼和花仙鱼的祖先原是大鲸鱼，因为后来进入华尔街炒股，炒了好几代，终于炒成了今天这个样子。但我关心的还是用什么方式把它们弄得更好吃，至于它们是炒股变成这样，还是失恋变成这样，还是经历了沧海桑田的自然变化成了这样，其实跟我们没多大关系。关键是它一直便宜又好吃呀，下面来看它的做法。

巴浪鱼肉质奇特、可塑性高。做成鱼饭或鱼冻时，它是绵糯胶香的；待用潮汕特有的半煎煮，它又是紧实咸香的。我来介绍一种上得厅堂的做法——干煎法。

将巴浪鱼宰杀好，去头，去中间大骨，变成两片肉，如图。有些小刺也无妨，因为这种鱼的小刺特别温柔，在家食用就没必要特意去处理了。取一匙生抽，加点料酒调作酱料，也可以加一点辣椒酱，看个人喜好。然后用刷子把酱料刷到鱼肉上，记着刷在肉的那一面，千万不要刷在皮上，再在肉面轻轻拍上生粉。在平底锅里放少许油抹匀，最好是鸡油或猪油，植物油也行，总之是少少的，因为巴浪鱼本身油脂多。然后把鱼冷锅放下，皮面朝上，盖上锅盖小火慢慢加热，待到水汽弥漫时揭开盖子，开大火煎。这时可以放入一些香茅草或柠檬叶，一边煎鱼片，一边用筷子轻轻拨动，至肉面稍稍焦硬即好。最后在盘里摆上几段香茅草或两片柠檬叶作为点缀，

把鱼片轻轻移上去，皮面朝上。这样一条看着活嫩，又高大上的巴浪鱼就可以上桌了。好看又好吃，关键还便宜。

本菜只供家庭使用，开餐厅者效仿可要记着找我交点专利费，不然这道菜的毛利率就太高啦！

酸菜河鲫煲

说到家常鱼，话就多了，再介绍一道"酸菜河鲫煲"。

白鲫鱼宰杀好，去除内脏，不用去鳞。用盐水浸泡15分钟，再把血水冲洗干净。在砂锅里放入五花肉、姜片、辣椒2个、切碎的酸菜。加水煮5分钟左右，再把鲫鱼、蒜段依次放入，加少许盐。大火煮5分钟，转小火煮15分钟，关火。可热吃，也可放凉吃。最佳方式是晚上做好，第二天早上吃，配一碗地瓜粥。

这时你就会明白，有时候一条三块钱的鱼，只要处理得当，吃起来的幸福感也不比那三百块钱的鱼差到哪去。

备注：如果没有酸菜，可换为萝卜干、雪菜干、梅菜干等腌制小菜，不要死脑筋。

去年岁末，汕头经营食材供应的"龙佳食品"蔡伟东老总匆匆赶来找我，还带来两箱大个儿的澳洲鲍鱼，每个带壳2斤多重。蔡总准备从澳洲进口大鲍鱼来经营，问我这种鲍鱼怎样吃好，我觉得骗吃大鲍鱼的机会来了。

于是我摸索起研究鲍鱼。没想到鲍鱼虽鲜美，但从澳洲过来只能冷冻运输。鲍鱼的肉质纤维已经改变，所以试了很多做法都是又柴又硬，一点也都不好吃。蔡总还请了潮菜的老师傅，用焗干鲍的方式高汤焗十几个小时，最后吃起来还不如块豆腐。

不过我答应了蔡总要给他一个完美的吃法，又吃掉人家那么多鲍鱼，心中有愧，一直记挂着这件事。所以今年夏天，和朋友喝茶闲聊时，无意中说到人生最美好的就是回归本质，那是最好的状态。

我灵光一现，我们常常想当然地以为大鲍鱼一定要加许多复杂的东西才能好吃，其实它已经足够好了，多余的东西反而会破坏它的本质。想到这里，我赶紧行动，试着用最简单的方式去还原它。

鲍鱼是吃海藻类长大的，我就用紫菜、矿泉水和它一起炖了。结果一出来，惊艳了满桌客人，大家都说第一次知道鲍鱼是这个味道。其实道理很简单，就像一个女孩子天生丽质、清纯可爱，你却偏偏要把她送去韩国改造得很妖艳；虽然第一眼让人眼前一亮，但再看多几眼就腻了。自然之味方为至味也。

后来，我又做了一些适当优化，加了一些调味。具体做法如下：

将澳洲鲜鲍鱼洗净放入炖锅，加入350毫升碱性矿泉水，炖4~5小

时。接着将10克干紫菜明火焙香，5克火腿干煸出香味，50克猪瘦肉洗净，一并加入锅里，盖上盖子续炖1.5小时。炖好后将汤过滤出，鲍鱼捞出，紫菜摒弃。再把鲍鱼和汤汁倒回锅里，继续炖一会儿。上菜时，另取一片紫菜用明火焙香，每个碗底放2克；将鲍鱼捞出，切块放在紫菜上；最后用勺子将汤水舀在鲍鱼上即可。

「搭鱼鼎仔」

介绍一道潮汕家常菜，半干煎小海鲜，潮汕话"搭鱼鼎仔"。

这道菜在汕头很常见，但做得好的不多。大多还是前处理，或过程细节上的问题。许多人觉得是干煎，就会放多点油，要么做得咸淡不匀。所以，下面介绍一下我自己的做法：

鱼宰杀好还是一样的泡洗盐水，沥干备用；五花肉薄切，放入不粘锅加热。把鱼放入适量细盐腌渍，充分搅拌均匀。然后取出，放在锅内五花肉上，撒上姜丝和芹菜，加少量的水，盖好盖子。大火烧2分钟，揭盖，用小匙舀些锅底的汤汁淋在鱼身上，再盖上盖子烧至收汁即可。

这样的鱼咸香鲜美，原味醇厚。烧小海鲜忌放太多油，油一入骨鲜

味尽失。用少量五花肉的目的，一是逼出少许油，二是用些许肉香来中和鱼腥味。这样煎出来的鱼鼎，鱼嫩咸香，肉片焦香，佐酒、下饭咸宜。

潮式家烧很简烹

在微博发了鱼的保鲜方法之后，反响热烈，许多朋友又私信问我："鱼怎么做？"所以今天就和朋友们分享一个最简单，也容易掌握的潮式家烧小鱼鲜。

首先准备50～100克五花肉，切片切条皆可，入锅加水大火煮10分钟，投入几个蒜瓣。清洗好的鱼放入盆中，加盐腌制，咸度自己掌握，原则上500克鱼不超过6克盐，把盐和鱼充分搅拌均匀。然后放入锅里肉汤中，让汤汁没过鱼身，加入姜丝、芹菜，盖上盖子。大火烧2分钟后去盖，烧至开始收汁，待汤汁剩下2～3汤匙时关火。鱼盛上盘子，最后把锅底的汤汁淋在鱼身上。这样煮出来的鱼肉细嫩、甜美、汁水饱满、咸鲜原味。

操作简便，乃真正的家烧也。

这道菜的做法说是简烹也不尽然，但它确实好吃，而且特别下饭，还解决了普通家鱼难登大雅之堂的问题。所以，就把它收录进来，具体做法如下：

鱼尾巴1条，八两到一斤多的，什么鱼都行。将鱼尾鳞片刮去并洗净，将鱼肉从下腹部劈开，背部不切断，呈两片肉相连状，表面打花刀。将鱼尾浸入浓度5%的盐水，浸泡20分钟。另一边，将40毫升生抽、10毫升水、10毫升花雕酒、2克糖、4克淀粉和2克辣椒酱调成碗汁；6克豆豉用干锅煸炒出香味，备用；50克五花肉、5克生姜、泡发好的陈皮一并切丝，备用。

把浸泡好的鱼尾捞出，冲洗干净，并用厨房纸擦干。将鱼尾放入腌制容器中，倒入调好的碗汁，再倒入豆豉、陈皮丝、姜丝、五花肉丝，并抓拌均匀。腌渍半小时后，在蒸鱼盘子上垫两根十字交叉的筷子，铺上鱼尾。将腌制的酱汁淋在鱼尾上，其余的五花肉丝、陈皮丝、姜丝、豆豉铺在其表面上。

待蒸锅水热上汽后，把鱼放入蒸锅。待水再次上汽开始计时，大火蒸制10分钟后取出筷子，用勺子将盘底的汤汁浇在鱼尾上即可。

这道菜配上一碗热乎乎的白米饭，保证你无穷无尽的满足感。

之前烹饪界有这样一个流派，说材料不要洗得太干净，洗干净就把材料的味道都洗掉了。对于这个说法，我不苟同，但也不反驳，各吃各的好了。在我看来，每种食材都有它的本味，为了突出本味，应把一些不良的气味剔除掉，而不是用浓重的酱料或香料去掩盖。所以，我们需要弄清楚那些不良气味到底来自食材的什么部位，或来自哪个加热点的温度。

就鱼来说，再强调一遍，鱼的腥味都来自其血液和黏液，只要把这两者洗干净，鱼是不会腥的。当然，如果大家你说不腥就不像在吃鱼，那么我也尊重这种口味。不然，恐怕要被大家嘲笑，写一本关于烹饪的书，半本都在教人怎么洗菜、洗肉、洗鱼，怎么不干脆叫《玩味洗菜》？

说回鱼汤，南姜是潮汕人家常备的调料之一，每年消耗掉的南姜量是很大的。我非常喜欢它的味道，就大用南姜，作主味入汤。南姜和姜还不一样，姜之前说过，姜不能久煮，久煮香气和甜味尽失，只剩下苦和辣；但是南姜不一样，需要熬煮才会出味。

南姜鱼片汤的做法不难，难在入味。做法如下：准备一锅肉汤，放入南姜熬煮出味，然后捞掉姜。鱼洗干净，反复擦干后切片，放入汤中烫熟。最后放几段西芹下去，下盐调味即可。

这道鱼片清汤调味应下重一点盐，因为除了海边惯吃海鲜的人，一般人吃不惯太原味的鱼汤。为大多数人的口味起见，我会把这道汤的调味做得略重。芹菜在这里起到横味的作用，略作平衡和点缀。

我这次用的是鲳鱼。真正会吃的人知道，吃鲳鱼不挑肉吃，挑鱼头、鱼翅、鱼尾那些部位，乃至剔了肉的鱼骨来烫，那吃起来才真正有滋味呢。

一道鱼子酱的菜

近年来，餐饮圈有四大恶俗，其一为滥用鱼子酱。

鱼子酱原是西餐中三大最高贵的食材之一，优质的鱼子酱价比黄金。为什么说用鱼子酱成了歪风？瞧，生蚝上要放几颗鱼子酱，烤鸭上要放几颗鱼子酱，据说还有鱼子酱企业为了推广产品，请名人用鱼子酱塞满油条吃的。这种风气把这一高贵的物料变成了哗众取宠的小丑。

天下至味宜用简单食法，烹饪技巧是为去除食材的一些缺点，如果食材本身已经够好，无缺可去，再折腾反而多余。十年前，我在云南和"阿穆尔鱼子酱"的老板石振宇先生探讨鱼子酱的吃法时，他悄悄告诉我："那些搞什么噱头的鱼子酱菜，只是为了商业。其实真正地吃鱼子酱，是一个人躲在角落里，打开一罐大口地吃最好。"我听后深以为然，难怪石先生能把养鲟鱼做鱼子酱做出这么大的事业。

后来我也研究了许多搭配方法。因为请客全大罐地吃毕竟烧钱，所以还是要研究些配料。鱼子酱本身的口感和味道已经非常美妙，配料须是更好地衬托其香，融柔其味。经过反复试验，终于有了一款绝佳的搭配方案。

因鱼子酱较为咸口，宜淡口之物去配，所以用上蛋清。打两只鸡蛋，摘出蛋黄，留蛋清打匀。平底锅放一两滴猪油，加热至起烟，关火，把蛋清倒入锅里摊匀。稍候蛋白凝固便起锅，切碎备用。这样的蛋白柔软洁白、淡而不寡，口感上不争鱼子酱的软糯胶香，味道上又中和它的咸。然后取2个红草莓切成细粒，和蛋白碎在容

器里拌匀，再覆上鱼子酱。少许草莓的酸甜依然是点睛之用，咸而略带幽腥的口中偶尔咬到一粒小草莓，会让你强烈地想再吃一口鱼子酱。这样一道菜黑白相间，偶见一点淡红，犹如"金风玉露一相逢，便胜却人间无数"，特别适合朋友圈晒照。所以，这是私以为鱼子酱最好的搭配设计了，想学做的可以，望说明出处才道德。

海鲜要鲜

『半煎煮』海鲜，一招鲜吃遍天

很多外地朋友到了汕头吃海鲜，品种倒是其次，最关注的还是吃法。经常有外地朋友问我："标哥，什么才是汕头海鲜的正宗做法呢？"在吃这个话题上，我一般很不愿意去谈什么正宗不正宗的。我觉得饮食的习惯与学问，是一部流动的历史。它永远随着人们生活条件的变化而变化，不是一成不变的。但是每个地方有其独特的味蕾记忆。

有一种比较广受认可的，汕头代表性海鲜烹饪方法，叫作"半煎煮"。就是把海货类用少量的油，最好是猪油，先煎到金黄，然后再煮。配料基本为辣椒、姜丝、芹菜、蒜片、豆酱、酱油水这些。这样有点类似于江浙沿海一带的家烧做法。

其实无论在什么地方，饮食一道上没有谁比谁更聪明，也没有唯

一、绝对的做法，有的只是物产和习惯的不同。在汕头，不管是大酒楼、小摊档，还是在自己家里，半煎煮是整个汕头对于海鲜的一种全民演绎方式。

刺身料理杂谈

"刺身"一词源于日本，我刚知道这个名词时，把它和我们当地生吃河鲜或海鲜混为一谈了。早前潮汕有吃"鱼生"或"虾生"，后来大家也慢慢都习惯叫成"食刺身"。这可能是由于过去十几年间，中国突然兴起了一阵盲目的崇日之风，如日本的器具、日本的料理、日本的设计种种。一时之间似乎非日而不可论品质也。

我也终于不能免俗，在2018年底的一个月份去了两次日本。一次在东京待了十来天，一次在京都待了一个星期。特别是我在京都的这一周，与董克平老师和孙兆国大师一路觅食。孙兆国大师乃日本通，和日本许多名厨相熟。由他带队基本上吃遍了京都的大小米其林餐厅。回来在机场时，我们做了一个小讨论，董老师问我："对于日本的饮食文化怎么看？"我当时说："海岛心性，对于料理他们还停留在人类半开化的进程中。论烹饪之道与味型之丰，他们是井底之蛙，虽有许多匠心可嘉之人做料理，那也是小家之作，难有大家风范。"

比如他们最为称道的"刺身"，我在日本吃过几家后，就和身边的朋友说，日本人有匠无心，中国人是懂得用心。有心才能变化无穷，并能温暖到人。在这里举个例子，我在东京一家米其林二星的餐厅"森木"吃饭，当天晚上和汕头做食材供应的好友蔡伟东一起用餐，请的翻译官是前南京大学教授，后来移居日本。当天晚上的食材都是非常顶级又新鲜的，但我吃到一半就受不了了，我比画着让厨师给我来一碟盐，加点柠檬皮。厨师有傲气，态度很不好地拒绝了我，说客人自己不能要求加配料，要按他的来。我一听，让翻译逐字把我的话翻译过去。我说："我来贵米其林二星餐厅用餐，整个晚上就吃芥末酱油水。你们的食材很好，也很用心在侍弄。但是饮食之道是要有味型起伏，口感需要承上启下，论烹饪之道，我们中国才是祖师爷。同样的一条鱼、同样只有盐，我能做出五种不同的味道，你就做不出来。这么多优质的海胆、各种刺身、白子，你统统都是酱油芥末的味道，我一看就很恶心。"

不过我有一点佩服日本人，就是只要你能说出道理，他们都会礼貌地接受，以及尊敬地相待，这一点是我们中国人需要学习的。当天晚上的后半场用什么配料、怎样搭，他都是有求必应，还虚心地每一样都自己尝尝。这是我在日本吃日料的一个小插曲，给了我一些对于吃刺身的思考。因此我从日本回来之后，也花了一段时间去研究怎样更合理地"吃生"。

日本的许多生鱼片冷冰冰的。尤其像一些怀石料理，一味地为了营造氛围和卖点，把蟹肉或各类生鱼片直接放在冰上。吃得慢一点，或多拍几张照片时，鱼片就在水里游了，这是极其不合理的食物料理。并且里头会放许多和食物无关的树枝、花朵，也是舍本逐末。

料理者，对食物的处理必须合理也。首先，生吃之物忌水。动物生肉一碰到水分就会快速氧化，细菌也快速滋生，这是关于前处理的不合理。其次，配料也极不合理。酱油水的甜腻和生鱼片的油脂腥气是很恶心的搭配。虽然他们有芥末这个法宝来解困，但是芥末的辛辣、刺激又掩盖了生物的鲜香甜美。

因此我花了几个月时间，研究了一些不难吃的"生"料理。前面啰唆了这些，也是想把道理说明白，再引出我研究的"生吃"菜品来。请看下面的刺身搭配详解。

关于刺身的几道菜之
金枪鱼刺身

我个人觉得金枪鱼按部位分解的话，背部脂肪最少处适合冰镇，腹部脂肪较多处却忌低温。因为低温鱼脂肪凝固时，入口是很恶心的。

一般吃金枪鱼刺身时，要先从冷冻柜中取出，解冻到刀可以切的半硬状态，切片。最佳口感的厚度，个人觉得是0.3厘米。切好后放在竹箅上，让它充分解冻，至油脂充分溢出。简单的吃法是玫瑰盐加一些自制香料即可，最佳吃法还是和西班牙火腿搭着吃。金枪鱼搭火腿时，火腿就不宜撕碎了，应整片平铺在鱼肉下，佐以植物香料。这样肉有鱼鲜，鱼有肉香，融为一体而又相互独立。

总之饮食之道，越是新鲜的顶级食材，要充分享受它的鲜，便不可过度用料，宜简。

关于刺身的几道菜之

虾生

在前面杂谈里，我重点谈刺身的两大忌：一是忌水分、湿冷，虽然有的带水会脆甜，但多吃终不舒服；另一忌是酱油、芥末。下面我的这几样做法就是为了解决虾生的这两个问题。

活海虾买回来，用淡盐水让它们游一会。然后捞起沥干水分，用保鲜盒分装，保鲜膜封好，放入-38℃以下的冰箱速冻。2～3小时后拿出来稍微解冻，去头、去壳，最关键的是去虾线。能抽的尽量用抽，因为用刀片开后再去虾线，容易造成二次污染。去虾线后，再把虾肉从背上片开，摆盘。摆盘最好用大的白色陶瓷盘，垫上竹篾，再放上虾肉，这个过程中不能碰到一点水。

关于配料，我研究了好长时间，发现最佳的调味品竟是火腿。用西班牙火腿，撕成细条铺在虾肉上。再用柠檬叶或薄荷叶切丝，不仅作为颜色的点缀，更增添其横味。动物的脂肪和咸香，充分中和了鱼虾肉的腥冷之气。

经过快速冷冻的虾肉，在不沾水的状态下，极好地保存着虾肉本身的蛋白质和氨基酸。这样的虾肉吃起来甜糯胶香，带着丝丝火腿的咸香，偶尔嚼到一根薄荷叶的清香，这时才领悟到何为料理之王道——调五味而不盖其真。

龙虾生，在潮汕地区属于常见菜。传统的做法是龙虾去头后，泡冰水去壳；然后片薄片，摆冰盘上菜，佐以酱油、芥末，也有用辣椒醋或蒜泥醋的。但这样的食法还是和前面聊的虾生一样，带水汽、冰冷，上酱油和芥末后就面目全非，只吃点心理感觉而已。

我自己做的龙虾生，是这样处理的：取一个大碗，放少许纯净水。活龙虾用刀背在脑壳上用力敲一下，把破洞对着碗，让龙虾的血流出来，这个龙虾血可以做一道菜。然后用刀在龙虾的脖子上划一圈，把头拧下来。龙虾身用保鲜膜封好，放入-38℃以下的冰箱冷冻两小时，取出去壳、去龙虾肠。如果龙虾在1千克以下，可以不用去皮；2千克以上的，还得去皮。处理好后的虾肉厚切装碗，这个过程中不得碰水；有多余的水汽时，一定要用厨房纸擦干。装好碗后，配料可以用玫瑰盐加柠檬皮末或柚子皮末。个人觉得最佳的搭配还是用西班牙火腿丝加柠檬叶，这样的龙虾刺身吃起来就像直接碰触了大海的味道。

关于龙虾血和龙虾头的做法，另外再表。

不去肠的虾，吃起来很恶心——九层白玉托红龙

早年看了许多关于食神的电影或电视剧，对于做菜有家传秘方或师傅秘籍的颇为向往。起初接触到国内的一些大厨时有种神秘感，使我常怀一颗探秘之心。但随着时间的推移和对食物理解的深入，我认为做菜是没有所谓秘诀的，有的是你用心几何，对食材的性质和食客的需求有多少了解，能否去其糟粕、存其精华。

例如"白灼虾"，是我从小吃到大的平常物，但每次吃都有点遗憾和恶心。潮汕人讲究吃新鲜和原味，所以很多大排档或五星级酒楼都是捞起虾不管大小地往锅里一扔，煮熟就装盘上菜。有的酒家还要摆上几朵兰花，更加俗不可耐。

这样的虾是吃不到它的鲜甜味的。因为一条虾不管大小都五脏俱全，头部裹着内脏，肠线贯穿整个身体。肠线里有大量沙土，大多

数人剥壳后一口咬下，连肠带泥沙一口吞；若咬到靠头的部位，还能把内脏里青绿色的污染物汁液一起吃到肚子里，此时已毫无美味可言，只剩恶心。

这样的做法不符合时代潮流，又没格调，所以我就设计了一道虾的独特做法。

先把虾做好前处理。抓住一只虾，从头边上的壳轻轻撬开，把脏器部连肠轻轻一扯扯出来，然后把虾身从背上切成两瓣，留头尾连着，这样虾就绝对干净。

白萝卜切1厘米厚的圆块，用清水煮熟，装碗备用。然后虾放入肉汤，加入九层塔和少许盐，煮到虾头变红即可，约耗时1分半钟。然

126

后捞出虾，竖着放在白萝卜上，旁边点缀1个九层塔芯。再在煮虾的汤里放一把九层塔，略煮出味道之后捞起扔掉。最后把清汤注入碗里，这道菜就算完成了。吃完虾吃萝卜，喝汤，美不胜收，而且太容易做啦。

很多人吃的时候会惊讶于汤里九层塔的味道如此浓郁，把虾的清甜衬托得完美绝伦，以为这味道是来自旁边点缀的那一点九层塔芯。我也懒得解释，香草的使用，大叶子用来入味，小嫩芯用来点缀，不外如是。

或许有人会问："那么为什么白萝卜要用清水煮，不用你的宝贝肉汤煮呢？"一道菜，浓者须浓，清者则须极清。这道菜虾甜汤鲜，所以需要一块无味胜有味的白萝卜做一个反衬，也做一个完美的收尾。吃完,嘴里干干净净。

这道菜完成已有两年,一直没有一个我满意的菜名。有一天,金庸的公子查传倜先生看到我的微信晒照,觉得这道菜很美,问我叫什么,我说没起名。于是查公子就帮我起了一个,叫"九层白玉托红龙",我虽觉得虽然有点长,但确实很符合意境,也有内涵,不愧是家学渊源,顺便在此谢过查公子。

有感情的薄荷石螺汤

有时候一些经典的菜式来源于偶然，妙手偶得。

我有个汕头的好大哥陈江波，是个大律师，重情重义的一个人。我们相识于食，他也是美食狂热分子，因此我们成了比兄弟还亲的人。人一有感情牵挂，就会想去为对方做点事。有一天约饭时，波哥和我说："这些天应酬多，喝了太多酒，人有点躁，想吃点简单、清淡的菜。"我听完后绞尽脑汁地想，我这儿的许多菜他都吃过，而且他每天在外面胡吃海喝的，见识面广，我该弄点什么既养身体、又是他没吃过的菜给他呢？

想了一会儿，眼光落在阳台上的一盆薄荷叶上。薄荷叶清凉、芳香，它独特的气息有通窍行气、疏肝解郁、祛风散寒之功效，遂决定主料用上薄荷叶。但用什么和它配伍呢？既然有养生功效，当然也要养生之物来配。第一个进入脑海的是石螺，也就是江浙一带所称的"螺蛳"。石螺护肝利尿，与薄荷的功效相得益彰。但是一道汤要口感好，还是离不开肉类，这时我马上想到了水鸭。水鸭肉质细嫩、清甜，没有过多杂味，并且最重要的是水鸭是吃螺的，这种相生相融之物是最佳的搭配。

想到这里马上行动，买来石螺1斤、水鸭1只。水鸭去皮、去内脏，整只洗净备用。洗石螺时，有个注意事项，石螺最怕其中有一个死的，那么一整锅汤就全废了，所以需要挑拣。把石螺倒入盆里，倒入清水，至稍微没过螺。静置片刻后，看到会动的螺就轻轻拎到另一个盆里，不动的就不要，这是排除法。活螺洗净后放入一个大盅里，把水鸭放在螺上，加入半片陈皮和矿泉水，水量按人数而定。然后盖上盖，隔水炖2~3小时。出锅时，采上一大碗薄荷叶，天女散花状撒入汤中，立即打汤连叶一起吃。

当晚的这道汤让波哥喝得神魂颠倒，自此它不仅成为波哥来做客时的必备菜，也成为我工作室的经典名汤。

多子多福

这道菜不知取名的人哪根筋搭错了，叫这么俗气的名字，也不符合实际。生活中，"多子"并不见得多福，但这道菜的"多子"确实可以让人一饱口福。

其实这是一道乌鱼子的菜。早年有朋友请我吃过乌鱼子，那是台湾的名产，说实在的，我没觉得好吃在哪。又咸又硬，有些还略带着苦，特别是有的用酒烧焦了，吃起来更恶心。后来又遇到一个在台湾号称烹制乌鱼子很牛的火焰手大师，但我依旧没吃出它的好，咸、硬、沙感是它永恒的主题。

我心目中的乌鱼子是软糯、略带嚼劲、鲜香甜口的。而台湾做成商品的乌鱼子需腌制，所以就变成咸硬的。要想吃满意的乌鱼子，只能用新鲜的乌鱼子自己做了。

用5斤以上的大乌鱼，开膛后取出鱼子。取的时候小心别把膜弄破，要让鱼子保持完整。鱼子用盐水浸泡20分钟，然后捞起擦干水分，封好保鲜膜放入冰箱速冻。要吃的时候拿出来解冻，然后放入锅里，加入800毫升左右的清肉汤、15毫升料酒、15毫升生抽、15毫升橄榄油、3克盐、7粒花椒、1个小米椒、少许白糖，小火慢煮至快收汁时，用小匙子打出一小碟汤汁备用；熬煮期间不断翻转鱼子，收汁至两面金黄即可。趁热把鱼子切片，装盘。最后在鱼子上面刷上之前打出的汤汁，撒上薄荷叶丝或柠檬叶丝即可。

这样的乌鱼子才是人间至味。

蔬菜灵魂

许多朋友常问我：青菜怎么炒才好吃？

过去，我常常告诉他们，如何放油，如何放盐，说了许多，还是很难做出一盘好吃的青菜。后来经过分析，不好吃大致有两个原因：一是洗不好，一是炒不好。两个因素各占50%。

先说洗菜，洗是至关重要的一环。很多时候菜不好吃是因为没洗干净，有异味、沙子，甚至一些原生态的菜还带有动物粪便的味道，令人作呕。洗菜是做菜的基础功，怎样才能把菜洗干净呢？菜生长于沙土、泥塘，从根部到叶子之间藏污纳垢的地方太多了。很多人为图方便，把菜一股脑儿浸泡在一大盆水里，泡完用水冲一冲完事了。其实洗菜应和择菜一起进行，正确做法是从根部把菜叶子一瓣一瓣地掰开，冲洗梗和根部连接的地方——这是所有叶菜最脏的地方，泥沙、动物粪便都在这里。边掰边冲洗，然后放入水盆浸泡至少半小时，这样才能去除根部的残留污染物。菜只要洗干净了，清爽甜美自然会呈现出来，然后无论白灼还是小炒，都会事半功倍。

青菜洗好了，炒起来就简单多了。怎么炒？我的标准有三条。

第一，油的量。很多时候吃青菜是为了中和大鱼大肉的毒害，如果一盘青菜吃完，剩下的油还可以炒三盘，这样的不吃也罢。

第二，盐和味精的量，以及投放技巧。经常在外面吃炒蔬菜，一筷子咬下去满满的盐感，或味精没化的冲击感。炒菜如果直接放盐，菜叶子会裹住盐和味精，任你怎么炒也散不开。所以应该先把盐和味精用热水或清肉汤调开，这样炒菜时放得更均匀，炒得不费力，

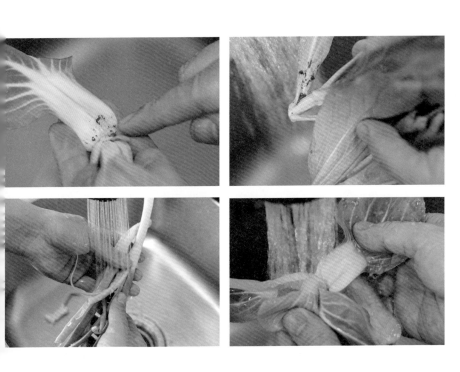

咸淡度也比较好调整。

第三，火候。菜炒不熟有青臭气，过熟了清甜尽失，腐臭味现。标准火候的专业术语叫"断生"。但知道叫法没用，关键还在于多炒、多观察。我的经验是看色，青菜下锅炒，由生变熟是一个渐变色的过程。开始大多数青菜是墨绿色的，下锅后发黄、发赤，炒至九分熟时就变成青翠欲滴的样子，此时就可以起锅了。

这样炒出来，吃完盘里不油，才算是一盘好青菜。

萝卜万岁之白玉怀春

白萝卜是稀松平常之物，但我做菜最有心得的还是这些平常之物，也是百吃不厌的。许多人或餐厅觉得白萝卜一定要弄得很粗、很农家乐，大可不必。食材其实没有贵贱之分，所谓的"高贵"常常是由其稀缺性和人们的偏好而定的。如果哪天萝卜的产量很稀有，那也可能贵过人参，所以我很感谢萝卜的便宜和广泛性，几乎全国各地都有。

这里介绍一道高大上的萝卜做法——白玉怀春。将萝卜切成4厘米长，3厘米宽，厚0.6～0.7厘米的块状，一般摆盘可以用21块，或多或少依人数而定。切好后放在肉汤里煮；若无常备的肉汤，就把五花肉加水煮30分钟，期间可加15克干贝或虾干，然后放入萝卜，汤汁要没过萝卜；再放入少量盐和糖，大火煮开，关火。准备上菜时，开火热3分钟，抄出装盘，可垒成宝塔状。剩余的汤汁加点生粉勾个薄芡，淋在萝卜上。最后把火腿末和虾籽干炒香，均匀地撒在萝卜上即可。

这道菜色香味俱全，特别合适拍照，而且好吃解腻。在吃了其他重口味食物之后吃一块"白玉怀春"，那是如春风拂面呀！有朋友看到这里要说："标哥，你不是简烹吗？这样切萝卜多浪费呀。"别急，边角料可以另做一道美味，见"萝卜炒饭"篇。

一根比心还软的茄子之青花茄子

说起茄子，我从年轻时就很喜欢。印象最深刻的是咸鱼茄子煲，但那时喜欢的不是茄子本身。各地的茄子菜都是油多、味重，无论咸鱼茄子煲，还是四川的鱼香茄子，所以我当时喜欢的是里面的油和配料。那时在全国各地跑业务，为了省钱又填饱肚子，基本上去小饭馆吃饭时，茄子煲是必点之物——一大勺飘着浓浓的调料和地沟油味的茄子，扣在一碗热乎乎的米饭上，在那个饥寒交迫的日子里别提多么惬意和满足了。所以，茄子煲是我人生中第一次感受到何为美味的一道菜。

后来随着年龄的增长、生活水平的提高和对饮食健康的钻研，像茄子煲这种极度危害健康的食物慢慢地退出了我的餐桌。直到有一天，发现女儿笑笑竟和我一样对茄子情有独钟。每次我们出去吃饭时，她都会问："老爸，有什么茄子做的菜？"只要是茄子做的她都喜欢，所以总会点一两道给她。我这个女儿对吃也有着超常的天赋和敏感，每次吃完都问我："为什么茄子做的菜，油总是这么多？"我说："老爸当年喜欢上茄子煲就是因为它油多，后来觉得不健康就少吃了。老爸答应你，从今天开始会研究几道不带油、又好吃的茄子给你。"谁叫女儿是父亲心灵的软化剂呢？

于是我花了许多时间去研究茄子的品种和特性，后来发现女儿爱吃茄子是有道理的。茄子本身清甜，肉质细嫩带绵，还有一定的胶质，这样的口感是符合人类喜好的。不过茄子含有一种叫龙葵碱的物质，吃多了口腔会微微不适，所以人们会用大量的油和各色调味品去掩盖它。明白了这一特性后，我们就能充分地去料理它了。这种龙葵碱一部分在皮层，一大部分在籽上。所以购买时要挑嫩的，嫩茄子里还没有形成，或只有微量的籽。对于小白茄或青茄，籽少

的可以不去皮；像紫茄个大肉多的，宜去皮吃。

研究第一道茄子菜是最难的，当时费了我两个月时间，就是这道"青花茄子"。具体做法是这样的：用粗个儿紫茄，买的时候挑嫩的，最好是切开里头没籽的；去皮，切成2.5厘米厚的块；上锅蒸4分钟，蒸的时候在每块上抹上点猪油；蒸完后放入平底锅干煎，茄面上各放一片九层塔叶，然后翻过来再煎，至两面微焦即可。装盘时先撒上提前准备的咸鱼碎末作为咸度，再摆上茄子。最后，削下的茄子皮切丝油炸，撒点椒盐粉摆放在边上作装饰，也可以食用。这样一道可进米其林三星的茄子菜，就在柔软的父女情之下孕育出来了。

这是我为女儿笑笑设计的第一道清新脱俗的茄子菜。

一根比心还软的茄子

之清炒茄棒棒

这一道仍是清淡的茄子菜。

同样用紫茄去皮，切成5~6厘米长、0.8厘米宽厚的条状；少量火腿切粒，备用。锅里倒入清水，加少许猪油，大火煮至沸腾3分钟，让猪油和水分充分融合；关火，把茄条倒入锅里，用筷子压入水中，浸烫约1分钟，捞起沥干水分。另取一锅，把火腿粒快速翻炒，炒至焦香时倒入茄子条，一起快速翻炒，至水分收干即可。

这道菜火候掌控得好时，茄子洁白如玉，火腿点点枣红，仿若雪肤添红妆，一品如醉向春风。整道菜清甜无渣，偶尔嚼到一粒火腿的咸香，又让人想见当年咸鱼茄子煲的烟火人间。

以上介绍的两道茄子菜，都较为清雅，不见什么烟火气。但其实大美还在人间烟火中，所以，下面也介绍两道相对烟火的茄子菜。

一根比心还软的茄子
之简烹白茄

这次用小白茄，切段约6厘米长；把少量五花肉切成细粒，备用。茄子下锅水煮，锅里加一小勺猪油。茄子熟化程度可观察颜色，刚接触热水时，表皮变为灰褐色，此时用筷子把浮在水面的茄子压入汤中，煮到变回白色就熟了。捞出，一段段摆在盘里。另一边，把五花肉粒爆炒，待炒出油时加入蒜片、鱼露拌匀，抄出备用。最后，用小刀把茄子的一面划开，舀一勺五花肉蒜片塞进茄子里，再合上，即可。

这一道茄子菜咸淡适中，略有肉香但不肥腻，而且摆盘美观，乃佐酒、下饭之佳品也。

一根比心还软的茄子之咸蛋炒茄

这道茄子的烟火味更重。前些日子笑笑放暑假回来，每次她回来，我总要设计一道新的茄子菜给她。这一次决定做一道相对浓郁的茄子，前提当然是不油腻。

刚好这段时间，扬州迎宾馆的万庆兄和晓东兄寄来了趣园的咸鸭蛋。整个儿吃太咸，经常吃一半剩一半。这一次我突发奇想用咸鸭蛋和九层塔来炒茄子，这道做法首选的茄子是青茄或白茄。

把茄子切成6厘米的段，纵切成四，过一下水沥干；五花肉切丁，咸鸭蛋去壳、捣碎，备用。先把五花肉下锅炒至焦香出油，再加入茄子和鸭蛋碎，一起翻炒2分钟。最后放入九层塔叶，略微翻炒即可。

这道茄子菜也成了我近期的下饭之爱，蛋黄咸香、略带流沙状的口感，和茄子的软糯清甜融汇成一道绝佳的家常美味。

一碟小菜

废物利用之小菜自由。

食物没有贵贱之分，通常会物以稀为贵。比如现在的生活水平好了，大鱼大肉成了难以消受的负担，小时候经常下饭的小菜反倒少见了。有时候想念起来，想去买点回来解馋，结果看到很多制作小菜杂咸的作坊卫生条件堪忧。为了口感，各种调味品无节制地乱撒一通。所以看看就回来了，后来基本上想吃点小菜就自己动手腌制。一方面可以保证卫生，另一方面可以控制咸度，大多数小作坊腌制的小菜都偏咸。而且，利用厨房里各种蔬菜的剩余根茎来制作，不用成本。

今天利用周末，我就制作一些小菜，并介绍给朋友们参考。步骤如下：取包菜、芥蓝或佛手瓜等切剩的根茎，把这类根茎的外皮或粗

糙的外膜去除干净，然后切成0.3～0.5厘米的薄片，用薄盐腌渍10分钟。然后洗去盐渍，放入碗中，按3：1加入适量鱼露和纯净水。再加入糖少许、花椒5粒、指天椒半个和少量碎香菜梗，汤汁以能充分盖过主料为好。拌匀，滴上两滴香油。然后封上保鲜膜放入冰箱冷藏，最快1小时就可以拿出食用，吃不完放个一天两天也没事。

喝粥、下饭、搭配鱼肉，皆可解腻，实乃不用花钱的绝佳小菜也。

把笋做好了，像梨一样甜美
——犀非犀，玉非玉

论起蔬食之美，笋真是我的一大心头好。认识我的人都知道我嗜茶，其中最迷一款凤凰单丛"老八仙"，好友雅诚兄还戏称我为"老八仙"。笋这种食材，在很多品质上与"老八仙"却有共通之处。

古人李渔形容笋"清、洁、芳、脆"，前三者用来形容老八仙也不为过。我为了免费喝老八仙差点做了茶园老板的女婿，后来女婿没做成，茶还得花钱买。又曾想退而求其次，去做笋园老板的女婿好，惜其无女，只好继续花钱、单身、吃笋。

汕头近郊有个地方叫旦家园，出产的笋清甜、脆嫩、无渣。用清水一煮，入口像梨一般。

到了笋成熟的季节，很多人从市场上买回来鲜挖的竹笋，堆在厨房。其实挖出来的笋还会长，不是说长成竹子，而是长老。最好是立刻对它进行前处理：剥壳，切块，清水煮6分钟，再放入冷水浸泡半小时，捞起沥干，放入冰箱储存。这样不仅能去掉笋的涩味和刺激舌头的物质，也就是草酸，还可以保持笋的脆嫩。

笋有素食和荤食两种吃法。素食，清水煮熟，拌点酱油即可；荤食，我觉得要"荤做素呈"才对得起笋的冰清玉洁。

配笋最美的还是猪肉。取我一直强调备好的肉汤，稍加调味，比如一点海盐、几颗花椒，增加一点"横味"，再放入笋和几片生的肥肉。这时候放肥肉不会腻，而是取其甘和鲜。甘肥入笋能中和笋的寡，中和之后不见荤性，而独留其鲜。这般无形无相，润笋细无声，是其他肉做不到的。

烹饪要达到"简"之道，就要明白君臣关系，和其性而不盖其味。这道菜极淡，却甘美无比，把笋的优点淋漓尽致地表现出来。

这道笋放凉后上桌，作为冷盘。我会把它放在一桌菜的前半段，当客人不那么饿了，有心情品鉴一些味道细致的菜。此时上笋，一方面能清口，另一方面为下一阶段的菜品蓄势、过渡。

以上这篇其实是《简烹1》里的文章，但笋确实是我的至爱，故搬来第二部，并附上另一道笋的菜品：炒一盘水果样的笋。

把处理好的笋切成条状，长约6厘米，厚约0.8厘米。放入锅中，加

入100克五花肉和适量清水。接着把虾干、香菇炒至焦香，一并放入锅里，大火煮开，改小火煮40分钟以上。另一边，火腿切粒，少油炒至焦香，备用。待把笋捞出，放入炒锅，少油大火快炒，炒至干身，撒下火腿粒即可。

这样炒出来的笋有才子佳人的气息，有水果的清甜，有肉的咸香，可单吃可下酒。

此外，笋条切剩的边角料也能做菜。切碎后，和剁碎的五花肉或残余肉料一起炒，加上姜末，放入调味品。这道笋肉碎可拌饭、可拌面，可把馒头切开塞两勺进去，变成中式汉堡。

笋的做法其实还有很多，等《简烹3》再叙。

一道随心所欲的菜
——凉拌不知味

我一直喜欢在厨房里折腾，因为我相信食无定法。人类的吃，除了满足生存需要，还有大脑神经的好奇感。口腔里的味觉神经永远是好奇的，既依赖着熟悉的味道，又不断期待着未知的味道。我喜欢烹饪，就是因为食物有无限的可能性。

有一天我刚好空闲，朋友们过来，说想吃点东西。我走进厨房，看到有早餐剩下的两根油条，便决定拿油条做文章。我把油条切成小块，又找来两个梨，去皮、去芯，也切成块。发现冰箱里还有红色的大彩椒，也就是甜椒，便把甜椒切成丝——后来发现切块也行。切好后都放入一个大碗里，加入3匙红糖、1匙辣椒酱、半匙橄榄油，又切了点香菜和潮汕特有的南姜末撒上，一起拌匀，就端出去给他们吃。

朋友们问："这是什么味道？"我说："第一次做的，我也不知道是什么味，总之是一道凉拌的菜。"后来他们发朋友圈的时候就给它起了个名，叫"凉拌不知味"。

不过这道无意之作给了我许多启发，从味型的相生相克中，明白了融合之道。甜腻的碰到辣，腻度降低；辣的碰到甜，辣感变顺；甜辣加上酸，是开胃、刺激味蕾的不二选择。所以只要把握住这几个主要味型，有什么放什么就可以。果丁用香蕉、番石榴、苹果、莲雾之类皆可，不过油条倒是必需的。还有一点，为什么一定要放红糖呢？因为红糖融化的时候有黏度，起到融合作用，这个秘诀一般人我可不告诉。

春天吃春芽，春心也萌动

原来我不明白，为什么每年到了春天，大江南北的人对吃香椿这么追捧。这次拜朋友所赐，得了大量香椿。所以花了几天时间去研究，尝试做了许多菜，也把香椿吃了个透。原来香椿受人喜欢是有道理的，看似是植物，口感上却有肉的质感，味道上更是奇妙。

我仔细品了香椿的味道，确实和黑松露有异曲同工之处。香椿的气息渗入齿颊，也带有雄性荷尔蒙的味道。这两天香椿吃多了，连和女朋友接吻时，也有股香椿的味儿。

香椿难能可贵的是有肉质感，所以处理好冷冻后味道变化不大。先用清水洗净，用淡盐水浸泡半小时；然后焯一下水，再放入冷水中浸泡冷却，之后捞出沥干水分，封装好放冰箱冷冻，吃时拿出解冻。其实香椿配很多东西都搭。

虽说是百搭，不真正露两招，读者朋友们会说我光说不练。这几天研究各种吃法，首推的是"香椿天妇罗"，做法如下：

香椿洗净后，用5%浓度的盐水浸泡15分钟；泡完后，焯水至断生；再捞出过一遍冷水，冷却后捞出沥干，用厨房纸擦干水分。取1个鸡蛋打入碗中，用筷子打散，天妇罗粉倒入盘中；将香椿先裹上鸡蛋液，再裹一层天妇罗粉。锅中加入食用油，开火预热；待油温烧至160℃，放入裹好的香椿炸15秒，捞出；待油温升至180℃，再放入香椿复炸10秒；炸好后控干油分，均匀地撒上薄盐即可。

煎莲藕

莲藕大家听说过煲汤的、炒丝的、凉拌的，估计很少听说过油煎的吧。

说实话，这个煎莲藕并非什么有意境的创意菜，是出自穷人思想呢。我自小家贫，不敢轻易浪费东西。每年秋冬交际，乡下莲藕收获之时，常有乡下的朋友送来许多莲藕。放三两天就开始失水、腐烂，吃又吃不完，只能变着法子消耗。后来终于找到一个既好吃，又不浪费的方法。

先把莲藕煮熟，但不要煮太透，然后放凉，用保鲜膜封好，入冰箱冷冻。待需要时，拿出来加水，小火煮半小时以上，至熟透。把鸡蛋或鸭蛋和XO酱一起打匀作酱料，备用。待藕煮熟后趁热切片，切半个手指那么厚，放入平底锅少油煎。煎至一面焦黄，翻过来再煎，同时用小勺把调好的酱料注入藕孔中，注满后再翻身，继续煎至酱料凝固即可。

这道菜可当点心，可当前菜；可用于下里巴人的下酒菜，也可以撒点玫瑰花，用于阳春白雪的淡雅道场，关键是不浪费。

松茸杂谈

每年从六月底开始，云南的松茸便大量产出。这些年得益于物流运输的便捷，可以日日尝鲜。但凡是食材，总要探索其性，方知最佳料理方法。

最早接触松茸还是在云南，当时无甚感觉。云南朋友把松茸切碎和其他菌类一同炒，还放了不少辣椒、葱蒜。当时我只能评价为"下饭"，也不懂松茸之珍贵。等到近十年来，松茸吃得多了、了解多了，才明白它的珍贵之处。

十年前，大江南北的餐馆兴起吃松茸之风，但大多数烹不得法。我尝过很多用黄油、鸡油煎的，都是油过多、咸度过高。许多厨者不明其性，极鲜、极嫩之物宜用极简之法。但简不代表不作为，近年来又出现松茸刺身的吃法，这在我看来是不能接受的，是不懂食物的做法。松茸生长于土中，而且是有大量枯枝败叶的地方，不见天日，属阴。这样的生物会附带一丝腐朽之味和土壤气息，所以火是点燃它的生命之光。松茸须有火的加持，才能去除先天的腐土味，充分激发它无穷无尽的自然之香。虽外有瑕疵，但它内里冰清玉洁，容不得一丝一毫的尘俗之气。

对待松茸就和人一样，烟火气重则俗不可耐，不沾任何烟火气又了无乐趣。料理松茸一不能无火，但须点到为止；二要控油，无油则柴，油多则烂，宜极微之油，动物脂肪尤佳；三要控盐，无盐则寡，盐过伤鲜，所以盐也宜少。松茸一遇见油盐就会快速出水，所以要即放即吃。松茸烹制真乃讲究火候、配料，皆在方寸之间，稍纵则味逝也。

下面是我关于松茸的独创菜。

关于松茸的几道菜之 清洗

松茸好吃，但清洗与处理却不是一件易事。

早年刚接触松茸时，听朋友介绍处理的方法，说松茸不能洗，洗过就丧失香气；必须用小刀把表层黏液削去。这方法我反复试验过，觉得不可行，也不科学。大多数松茸个小又黏糊糊的，用小刀削很难操作，也难弄干净。

后来，我自己总结的方法还是水洗。把每一根拿到水龙头下冲水，用小刷子快速刷洗干净，然后用吸水纸擦干，平铺在一个大盘里，放在空调房里晾干。如果吃不完就放冰箱保鲜，也可以存放三四天。

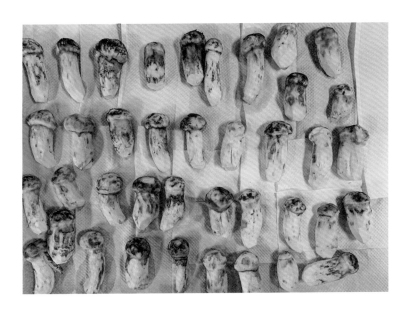

关于松茸的几道菜之
干煎松茸

在"松茸杂谈"里讲过松茸的习性与料理注意点，这里介绍一道干煎做法。

平底锅加热，先用一片猪五花肉或鸡油在锅底刮一遍，让锅底吸收几丝动物脂肪。接着把切好的松茸摊上锅，小火煎1分钟，转大火煎30秒，再改小火，把松茸一片片翻身。最后撒上薄盐，关火直接连锅上桌，趁热吃。

这道做法的关键点是掌控松茸不能出水，锅里不能见油。呀！忘记说松茸的切法了。松茸原则上宜厚切，0.3～0.4厘米，保证每片能平贴锅底，这样才受热均匀。

松茸汤 关于松茸的几道菜之

松茸汤有两种做法，一是用完整的松茸片来做，二是用松茸边角料来做。两种的香味浓度不同，大家尝试一下，再按需索取。

第一种是佐汤，做法很简单。把完整的松茸切片，干煎至两面金黄，放入碗底，加入清肉汤或清鸡汤即可。松茸入汤的关键点，是一定要先干煎过，可以不放任何油地干煎，这样才能激发出松茸香味；不煎过直接放下去煮汤，香气就有点意犹未尽，软趴趴的，没有力道。

第二种做法是炖汤。利用松茸的一些边角料，放少许盐在锅里稍微干炒后，放入清鸡汤或肉汤中，封上保鲜膜隔水炖。这种做法主要是吃松茸的那点香气。

干煎荔枝菌

每年五六月份是我食指大动的时候，因为这是荔枝菌上市的时节。

荔枝菌最简单的吃法就是少油干煎。先把荔枝菌洗净，放在空调下吹干。平底锅加热，用一小块生鸡油或猪油轻轻在锅底擦几下。然后放入荔枝菌煎30秒，翻个面再煎20秒，撒上薄盐即可。

对于比较大的荔枝菌，记得切成两半喔。

197

吃黑松露的大学问
就是简单点吃
——黑松露烩炒蛋

吃黑松露是近年来餐饮圈四大恶俗之二。煮红烧肉刨黑松露，煮大黄鱼刨黑松露，蘑菇炖小鸡刨黑松露……林林总总的视频秀黑松露成风，好像离了黑松露就不是个好厨师似的。

我们侍弄一样食材之前，先要明白它的性质。黑松露其实就是一种块菌，从国外到中国的西北部都有，每个地方的特性不一，但大体上是吃气味。

黑松露的气息有妙不可言之处，它的穿透力是隔山打牛式的。你直接闻或吃，有时候平淡无奇，但是吃完第二天，不经意之间齿颊生香，恍惚不知香从何来。黑松露的香是含蓄的霸道。拿一颗闻不特别，但若是放在屋子里或车里一晚上，打开门的一瞬间，那种香气袭人，不可言表。所以只有明白了它的性质，才能很好地演绎它。

越是高贵极致的东西，越不宜折腾，简单点享受就好。烹饪之道须懂得君臣佐使之分，黑松露本就是主角，其他的配搭须是衬托它的美，而不是反过来。

我介绍一个自己比较满意的吃法：取几只鸡蛋，加入少许橄榄油和盐，打匀备用。不粘锅预热，放入1匙猪油加热至起烟。倒入蛋液后关火，用铲子快速炒动，至蛋液稍稍凝固，便装盘，快速刨上黑松露。注意黑松露要刨厚一点，而且不能上桌再刨，要在厨房趁炒蛋高温的时候刨下。待端上餐桌，黑松露刚好被炒蛋的余温激发出阵阵雄性荷尔蒙般的香气，此时的黑松露才是主人翁啊！

清水菜，专治味蕾丧失

常有人问我："标哥，你为什么怎么吃都不胖？"

我不是吃不胖，我也胖过，肚子大大的，看起来像要做一辈子单身的准备。为了研究怎么吃不胖，我还专门去学营养学，说起来我还是正经的国家一级营养师呢。

我们现代人的饮食很缺粗纤维，而它对于人体非常重要。为什么当年普洱茶走云南、销川藏？其中一个原因就是当地饮食重奶、重油、重肉，而当地不长蔬菜，只能靠熬煮茶叶来摄取维生素和粗纤维，否则身体受不了，拉不出屎的。所以说，人要多吃蔬菜。

有段时间我经常吃撑、吃腻，研究清汤白水菜就是从那个时候开始的。我基本把市场上一年四季能买到的蔬菜都白水煮着吃了一遍。

这是为了认识食材本身的味道，也是为了找到它的最佳熟化点。我承认，刚开始有些菜确实很难吃，很寡淡。但后来发现，一种食材是否好吃，很多时候取决于是否达到了它的完美熟化点——就是所谓的火候。比如说芥蓝梗，九成熟时，甜甜的，嘎嘣脆似咬水果；所以原则上，芥蓝煮不能超过1分钟。

至今四川和云南的很多地方，依然保留着做白水菜的传统。一桌菜上一定有一道白水菜收尾，吃完后人很舒服。只不过当地做得比较粗放，我希望做得讲究一些。

讲究之一是烫法。我们烫有梗菜，如青菜时，应用筷子夹着菜叶，先烫梗，过会儿再压下菜叶。否则整条菜的熟度不一样，会很难吃。你们一定也吃过梗熟嫩、叶子却非常软烂，或叶子刚好、梗却

还有青臭味的烫青菜，怎能入口？

讲究之二是搭配。清水菜也是有搭配的。比如先把带皮的冬瓜和茄子熬10来分钟，它俩是久熬出甜味；然后放大白菜，也比较耐煮；最后放菜心和芥蓝。这样熬出来一大锅吃掉，不要放任何油盐，专吃它的甜味。最后那锅汤真是甜美无比，是最好的素高汤。我们呼啦啦地吃掉，睡一觉早上起来，真是会把厕所堵掉。一周来那么两三次，会感觉身体的洁净程度非常高。

有些女孩子会问，这样的菜汤会不会太寒？我个人比较皮实，中医说的寒啊、凉啊基本不在我身上体现，所以没在乎这个。如果你觉得加姜才敢喝，那便在碗底加一片姜吧。只不过从口味上来说，我不推荐。

对于做厨师或专事喝茶的人来说，这道菜其实是专治味蕾丧失的。如果你觉得自己的味蕾迟钝了，吃几天这个菜，敏感度会大大提升。我也特别推荐忙忙碌碌的人们好好吃上一星期的养生白水菜，对于洁净身体、活化味蕾是真有好处。

无限可能的搭配

我一生喜爱侍弄食物，不仅因为爱吃，还因为食物的可变性，食物与食物之间的关系有着无限可能。

某天早上，在宾馆的餐厅看到一桶豆花。我一直对这种细滑水嫩的食物有着特殊的偏好，可惜大多数地方习惯吃咸豆花。那天在吴江宾馆看到的也一样，旁边的配料有胡椒粉、葱花、盐、酱油、虾皮、榨菜等，唯独没有糖。

我这个吃惯甜豆花的人，是很难接受这些重味料搭配的，遂端着一碗豆花找了一圈最佳搭档。终于发现了油条，在我们潮汕地区没用油条配过豆花，于是我内心激动起来，想试试这个搭配。我赶紧拿了一根油条和豆花到桌上吃起来。油条在豆花里一蘸，油条外酥里韧，豆花软若无骨，入口即化成汤汁，汤汁又融化了油条的韧，果

然这俩搭配精妙无比。

味型上虽配，没什么违和感，但还觉得少了什么，想来是少了点糖。我便跑到咖啡机边上拿了一小包白糖，撒在油条上配着豆花吃。这白糖一撒画龙点睛，整个活了起来：脆、嫩、滑、韧、香、甘，偶尔咬到一粒糖的甜，既期待，又稍纵即逝。不想两个寻常之物，竟可以配成如此美妙的佳肴。

米饭变奏

论吹牛炒饭

某天，好友赵路和我说某某的炒饭很销魂。我听了笑说："其实论炒饭，我才是一流高手。"赵兄一听，露出"你又在吹牛"的眼神："那你怎么没炒给我吃过？"我说："那是因为我太在乎你，你每次过来，我都要做一些花心思的菜，怎能拿炒饭这种大杂烩玩意儿来应付呢！不然，下次来，我弄一桌炒饭，让你吃过瘾。"赵兄问："这么自信啊？"

我对炒饭的自信，其实也源于贫穷。小时候家穷得连饭都没得吃，哪儿有炒这回事？我十六岁那年，去城市打工，曾短暂地在一个风味餐厅打工过。那时候别的没有，练就了一身炒饭的功夫。当时我做的是夜班，老板管一餐饭，不是粿条、面汤，就是半冷的干饭，也没什么下饭菜。后来我征得老板同意，用一些葱、菜、肉的细小边角料，自己炒饭吃。那时才不管搭不搭配、合不合味，只以多样化为标准。偶尔碰到存放得不是很新鲜、不敢卖给客人的海鲜或肉类，我会像过年一样开心上半天，充分发挥我物尽其用的天赋，洗净，焯水，煸干再炒饭。

所以，炒饭在我的理解中，就像佛跳墙或上海泡饭一样，是充分利用残余食物所演化出来的一种饮食习惯。谈不上什么高大上的技法，充其量是一个烹饪的基本功底。由于不受食物材料的限制，能吃的皆可炒，那么只要它们之间没有违和感，咸淡适中、软硬得当、干湿有度，其他都是可以的。

炒饭就是一种复合味，谈不上真正的灵魂菜品，也难登大雅之堂。不过我自己很喜欢吃，所以下面也介绍几道炒饭搭配。

炒饭没有定式，关键在于主味型。如菠萝，单独吃，我不太喜欢，总觉得有点腻，甜得太过直接，酸又酸得没有迂回之处。但天底下的食物就是这么奇怪，只要找到完善的搭配，就能皆大欢喜。所以我用菠萝和各种海鲜炒饭。具体操作如下：

先把菠萝切粒，约8毫米见方；瘦肉50克切粒，约5毫米见方；红葱头或洋葱切小片；海鲜可用边角料，把吃剩的鱼、虾、蟹等拆肉切碎，备用。米饭如果是冷饭，就添点水，用保鲜膜封好，微波炉加热3～5分钟，视饭量多少而定——因为热饭能减少炒的时间，容易吸味，也容易炒透，否则得炒到手酸。开始炒时，先把肉粒下锅，炒干水分。再加少许油，放入葱片一起炒，炒至葱片飘香时，倒入海鲜碎料，加适量盐、2克糖，同时倒入菠萝粒，一块翻炒30秒。最后倒入热饭，加少许稀释的酱油水，炒至水分收干为佳。

这样的炒饭吃起来有点甜酸，酸度刚好中和了海鲜类的腥，甜度又提升了它的鲜，百吃不厌。对了，不一定得是海鲜，江河之鲜一样可用。

卤鹅边角料炒饭

介绍这道炒饭有点不好意思，它充分显示了穷人的根底。但如果我去开餐厅，毛利绝对可以做到80%。毕竟废物利用做出好菜，乃烹饪之王道。

言归正道，潮汕无鹅不成宴，但很多时候一大盘鹅肉吃不完，倒了可惜。于是我就把吃不完的鹅肉褪下骨头，切成碎肉。辅料可以用根茎类，如笋、莲藕或茭白切成粒，焯一下水，沥干；蒜叶、姜也切碎，备用。先把鹅肉倒入锅里，炒至出油，再倒入辅料，稍微翻炒。然后加少许白糖、姜末，倒入饭一起炒透，炒的过程中加入带油的卤汁。另取一锅把蒜叶用猪油炒出香气，最后倒入炒饭中拌匀即可。

这样，一碗香气袭人的边角料鹅肉炒饭就大功告成了。

在"白玉怀春"那篇，有朋友担心那道菜浪费萝卜。嘿，论用边角料，我可是行家，我用萝卜不只边角料，连萝卜皮都能做成一道菜——倒不是我厉害，也是穷给逼出来的。

来说说边角料的用法。把萝卜的边角料切成粒状，大小为0.5～0.6厘米；取五花肉等肉类的边角料，也是切成细粒；大蒜3根连叶切细；少许肉汤加点酱油调成汁，备用。米饭如果是冷饭，依然用前述方法，加几滴热水，封保鲜膜微波加热3分钟。

把切好的萝卜粒以冷水下锅煮，大火烧开后，关火焖30秒，把萝卜粒抄出。先把肉碎放进锅里小油炒，炒时加盐或鱼露。炒至焦香气出，加入萝卜粒炒一小会儿，再倒入热好的米饭一起翻炒。另取一锅，放猪油加热至起烟，放入大蒜快炒，炒至蒜叶变得翠绿。把蒜叶连猪油倒入饭中，再炒3分钟即可。

对了，萝卜和饭的比例一般为1∶3。这一道菜不仅解决了萝卜的边角料，也解决了许多残肉剩饭的问题。万一失业了，可以就这道炒饭开个单品店，真是这样记得交给我一点专利费哦。

五一劳动节
食物狂想曲

五一给自己放了个假，不过劳动人民的心还是闲不住，整个下午都在思考关于吃的问题和食物之间的关系。

昨晚我在凤凰山一大排挡里吃了一道"潮汕咸菜和苦刺芯炒饭"，居然一下子吃了三盘。这样的搭配让我体验到咸硬和苦后回甘的起承转合之妙：苦和咸本来是水火不容的，但加入动物脂肪这个媒介后，竟配合得天衣无缝，咸有咸香略带一丝酸爽，苦是软苦稍纵即甘。这样的搭配让我胃口大开，所以今天脑中一直在不停地思索和模拟各种搭配。

厨者最忌吃到一处就搬用人家的东西，不尊重别人的知识产权和劳动成果；我们可以受启发，学神而不是学形。再说，一地有一地的物料特产，一味地学形换了地儿就做不来了。所以我今天在思考苦味型的替代菜，如苦瓜各地皆有，五叶神苦中回甜，艾叶也是微苦……这种种都可以加入饭菜中调试，让一餐饭的味型起伏有更多的可能性。

凤凰山栀粽

简得不用烹的

每年的五六月份，潮汕的茶产区凤凰山，是满山的栀粽飘香。

栀粽其实就是碱水粽，凤凰山民用草木灰泡的水和米制成。当地人把它当作消积食的食疗法宝，我也喜爱之极。凤凰山家家户户的做法相同，火候的掌控却有差别。有一些火候不到位的栀粽半生不熟，米粒半化不化，吃起来就很恶心。后来我把栀粽带回来二次加工，变成一道上得厅堂的饭后甜点。

栀粽买回来后，需要前处理一下。想吃时提前半天拿出来，蒸上30分钟，再放回冷藏。要吃时取出切块，厚度1.5厘米左右口感最佳。装盘时先铺上一层大颗粒的白砂糖，再摆上粽块。缀上三两颗炒过的松子仁，撒点干玫瑰花瓣和白砂糖，这样便完成了一道好吃、好看还低成本的特色甜点。

提醒一下，诸君拿我这道菜去餐馆做生意的，可记得交专利费给我，它的毛利率可太高啦。

潮汕甜食与中国梦的巧合

这段原是写在《玩味潮汕》中的，最近增订《玩味简烹》一书，觉得作为甜食的总结更好。

我一直认为，在潮汕的饮食习惯中，甜的意义大于身体的需求。从祭神供祖到宴席小吃，这种甜更多的是对美好生活和未来的期望。

在提笔写甜食这篇时，恰逢老朋友蔻蔻梁发来一篇前些日子采访我的关于潮汕甜品的文章，让我看看要否修改。我反复看了三遍，觉得正是我要说的话，再写也是东施效颦，遂经蔻君同意后，收录在此：

九月的一个下午，临近中秋节，潮汕的"玩味家"林贞标把汕头建业餐厅庆典拜祭所用的一尊三尺糖塔搬回了办公室，算是一种怀旧。这是他儿时常见到的东西，现在已经很少再有人做了。

照片发到网上，引起不少潮汕人哇哇大叫，都回忆起小时候在庆典之后分食糖塔："好硬好硬的糖，拿在手里可以吃好久，小时候最能够放肆吃糖就是这个时候了。"

潮菜研究会会长张新民认为，潮汕爱甜，先是因为有甜，毕竟整个潮商史都建立在潮汕的"糖史"之上。本文开头那位搬糖塔的林贞标则更愿意把潮汕地区的"甜"解读为一种超出味觉体验的东西，糖除了是一种味道，更是幸福和希望的具象诠释，是位于省尾国角的潮汕人自古以来对美好生活的期盼和祝愿。

糖塔

潮汕地区平原不多，自古山险水恶，来自海洋的风浪时时侵袭，并不具备成为粮仓的好条件。好在老天爷总会给勤劳的人留机会，此地非常适合种植甘蔗，而糖和盐一样，是一种重要商品。农历三月，南风乍起，风满船帆的红头船满载着一船潮糖，沿江河一路北上，抵达苏州上海。据记载，当时一船能载三四千包糖，连船身值到数万两白银。

而这些远销浙江、上海和苏州的砂糖除了供人食用以外，还有一项较少人知道却重要的功能——染丝。光绪版《揭阳县志·物产》记载："揭所产者曰竹蔗，糖白而香，江南染丝必需，名曰'揭糖'。"揭糖是江南染丝的必需原料，数额巨大，且耗时日久，便催生了竹蔗生产与榨糖成为揭阳等地的龙头产业。清光绪以前，潮汕四乡六里建设起来的各种大宅、祠堂和书斋基本都是这一甜蜜事业的结晶。潮汕好些大户人家都能数出先人拥有多少甘蔗田、糖寮以及制糖厂。他们通常在浙江、上海和苏州都有商号，贩了糖，换了钱，在苏沪的声色犬马之地开了眼界；到北风起时，又把那吃喝玩乐的新鲜玩意儿如丝绸帛布、黄豆药材，载在船上自北往南带回来。所谓"苏州的样儿，潮汕的匠"，如今看潮绣和个别潮菜及点心，莫不有苏杭影子。

不承想，不过百十年间，西方工业文明发展迅速，外糖倾销入境，本地糖价大跌，导致风光一时无两的糖商纷纷倒闭。而蔗农利薄，又把蔗田变回蔬果花生，产业链断，贸易停顿。到了近代，国内蔗糖的生产成本居高不下，以至于潮汕大地的制糖业从极度兴盛跌落到零点。

虽说万顷蔗田和糖厂林立的景象早就看不见了，但潮汕生活被蔗糖腌渍了上百年，处处都是"La Dolce Vita"（甜蜜的生活）。潮州牌坊街上卖鸭母捻也卖提拉米苏，卖甘草水果也卖奶茶。2019年底，大名鼎鼎的揭阳糖厂旧址上的烟囱呼啦啦倒下，新的高档住宅小区和商业广场将在这片土地上升起，以一种甜蜜代替了另一种甜蜜。

祈福

和其他饱受天气肆虐的地区一样，在潮汕传统生活中各路神明占据重要角色。像汕头小公园的"老妈宫"，就是拜求保佑出海打鱼平安归来的妈祖。因此也香火兴旺，周边也有许多甜食小吃，像"老妈宫粽球"。开元寺香火鼎盛，以开元寺为圆心的潮州老街上随处可见制作和贩卖供品的饼店。潮州甜食四大种类：糖、饼、糕、粿，荤素皆有。给佛祖和菩萨上供需要素的甜食贡品，而其他各路神明有的荤素不拘，有的只要荤食。无论如何，作为好兆头的象征，"甜"总是第一要义。

比如说八月中秋，潮汕农村家家户户会摆上满满一桌的供品拜月娘。一些种蔗的人家，会到蔗园砍两根长势好的甘蔗，分别绑在桌子正面两边桌脚，把甘蔗的蔗梢绑在一起，形成一个拱门。人们认为，用甘蔗祭拜月娘，日子会越过越甜。

"老潮兴"是汕头一个粿店老字号。红桃粿是一种古老的潮汕粿点，它有着粉红色、漂亮、灵巧的外形。它通常是一种咸粿，然而到了七月初七，潮汕人为家里满15岁的孩子举行名为"出花园"

的成人礼，为此要专门订制甜的红桃粿作为献给"花公花母"的供品。早餐必有甜品一道，加上其他菜品，送孩子"出花园"，意味着孩子不再是终日在花园里游玩戏耍的孩童，从此便走上成人世界。

孩子入学拜孔子也要用一种叫"糖葱"的甜食。糖葱技艺有点像拉面，把熬好的糖浆千百次折叠拉伸，让每一根糖都包裹上空气，形成16个气孔，雪白酥脆的糖葱就做好了。这个技艺如今也濒临失传了，不知道上网课的孩子，又将用什么，祭拜哪位神明。

祝愿

习俗和技艺都会随着时间褪色，有些和日常生活息息相关的习惯却会一路流传下来。直到如今，潮汕人在重要宴席上依旧保持着以甜点开始、以甜点结束的传统，寓意"从头甜到尾"。

潮菜研究会会长张新民老师主理的高端潮菜食府"煮海"也沿袭了这个传统。和他吃饭的那晚以一道姜薯柑饼甜汤结尾，姜薯是潮汕本地一种类似淮山的块茎，柑饼则是潮汕甜食的传统代表之一。它是用潮汕当地一种叫蕉柑的水果制成的，在高峰期，潮汕出产的潮州柑占全国柑橘产量的十分之一。靠山吃山，靠海吃海，靠甘蔗地吃糖。糖渍成为一种重要保鲜手段。按潮汕的传统做法，一担蕉柑要用半担白糖来腌，真是甜到颤抖。如今，煮海的这道柑饼汤无非放了两薄片，吃一口柑橘清香而已。

最经典的当然是糕烧和反沙这两个传统潮式甜食的烹饪技法。糕烧多用芋头、番薯、姜薯这类块茎。要把切块的食材先用糖腌渍5小时以上，待食材出水，口感变得略带柔韧，再用原汤加糖烧制。

反沙多用芋头。做法和北方的拔丝类似，最大的不同是拔丝菜式在熬糖的时候要加油，而反沙菜式只需要用水熬。把糖熬成糖浆之后再把炸过的芋头放入其中，迅速冷却翻炒，把糖霜挂在芋头上。功夫好的师傅挂出来的糖霜雪白均匀，火候若是不对，糖霜发黄发黑或者凹凸不匀，手艺就算不上合格。

反沙芋头、糕烧芋薯、芋泥白果都是传统甜食，尤为独特的是在煮海餐厅还能看到这些甜食上覆盖着一层薄薄的透明食材，像魔芋，像芦荟，像果冻，只有潮汕人才能一眼看出：啊，是冰肉！这种做法繁复的冰肉是很多孩子小时候的至爱，同时也是另一些小孩子的

童年噩梦——用糖把肥肉腌渍5小时以上再放入糖浆里煮，肥肉就会呈现冰爽透明的形态。口感有点像芦荟片，软中带爽，硬中有脆，只不过一口下去就是满嘴油脂的丰腴和蔗糖的甜。

甜是一种潮汕独有的祝福形式。把一口甜食送到对方嘴里，就是把一个美好的祝愿送了出去，除了在宴席上要从头甜到尾，甜在潮汕生活中的幸福指向随处可见。过年的时候，潮州一些地方还有钻蔗巷的传统，当游神队伍经过，人们要排在街道两边，举着带头尾的甘蔗，让游神队伍穿过；有男丁的家庭要在甘蔗下结灯笼，一丁一灯；到了大年初一，出嫁女的兄弟就要挑着糖饼、大橘、数十节甘蔗给她婆家送礼，暗示自家女儿嫁人以后生活节节高、节节甜。

嘉奖

有科学研究表明，人类之所以到现在还是嗜甜、嗜油不是口味使然，而是进化在身上留下的遗迹。"糖+油"，这种能量炸弹在进化过程中就好像游戏里的补血包，有了能量生命才能延续下去，所以生命本能地追逐这种高能量的食品，并且看到它就释放多巴胺，让人产生快乐的感觉。

可以想象，在过去那个生活简朴物资不丰富的年代，高糖食品对人的抚慰作用是极大的，它为身体和情绪带来的双重满足感几乎接近于幸福本身。把一口甜送进自己嘴里，是对自己的安慰和嘉奖，也是潮汕人处处用心生活的明证。发源于潮汕的甘草水果在广深盛极一时。如今街上的甘草水果所用的材料都是好水果了，对潮汕以外的人而言，不过是一种风味；然而最早的时候，用甘草水腌渍水果是为了把难以入口的水果处理成美味。最经典的当然是酸涩的油甘子和小乌梨。把这些山间野果用水煮去涩味，放在石钵中滚去粗糙外皮，再用甘草水和糖腌渍入味。这是变废为宝，也是给粗糙生活的鬓边插上一朵海棠红。

早几年，走在潮汕老城的牌坊街和汕头小公园一带的旧城里，这类由糖变化出来的小确幸随处可见。它们以零食和糕点的形式出现，是当地人的小点心，也是游客的伴手礼。仙城束砂、达濠米润、海门糕仔、贵屿胜饼、田心豆贡、靖海豆辑、龙湖酥糖、隆江绿豆饼、棉湖糖狮、和平葱饼、黄冈宝斗饼、苏南薄饼、隆都柑饼、潮安老香橼、棉湖瓜丁、饶平山枣糕、庵埠五味姜、桥柱柚皮糖，还有胜糕、乌豆沙与乌芝麻糕、绿豆糕、云片糕、粳米糕、面饼、腐乳饼、软糕、书册糕、白糖糕仔和豆米斋碗……无一不甜。游客甚至很难理解这种甜。

在奉行低糖主义的现代生活里，高糖就是原罪。那块纯油脂加纯糖的冰肉几乎相当于一枚卡路里核弹，现在已经很少出现在饭桌上了。对于好些北方人而言，光是听到"甜的肥肉"这四个字就开始浑身不自在，就像南方人听到"咸豆浆"就开始反胃一样。然而味觉记忆就是地方记忆，甚至是情感印记，正因为有这些不同，所谓"故乡"才有意义。潮汕年轻人平时都在吃软欧包和奶茶了，但即便这样，也还是有人在担心万一在所谓健康饮食风潮之下，朥饼消失了可怎么办。这种以高糖、高猪油加乌豆沙做馅儿的点心，几乎是所有潮汕人的味蕾锚点，哪怕一年只吃一口，吃到就是回家。

林贞标是理解这种味蕾锚点的人，也是致力于寻找这种锚点的人。在他的理解里，潮汕人要的"甜"早就不是那种轰炸式的甜了，人们要的只是一点甜意，一点关于甜的线索，它可以更缥缈也更柔韧，让"潮汕味"经久不散，却不至于像一记重拳，把人的味觉体验连带身体健康整体击倒。所以他设计的一席菜品里纵然也是头尾甜，却是一种不一样的甜。他把豆腐两面香煎，嵌入烤香的松仁，撒上玫瑰花瓣和白糖。你能迅速地从"豆香+甜"的线索里找到汕头广场上那家古老的"广场豆花"的影子：那家店用非常硬的老豆花，呼应着林贞标的嫩豆腐。"广场豆花"上撒上了足有半厘米厚的白糖，到了这里，就只是一线。心思在于玫瑰花香带来更多"甜意"，却不是扎实的甜味，松仁又增加了味觉复杂性。这是潮汕甜的新版本。

莲子花胶甜汤是传统潮菜甜品。花胶是海产品，腥和甜碰到一起，一不小心就极腻。除了去腥降甜以外，林贞标的小心思是在花胶泡发的程度上做了调整。这里的花胶吃起来不再是软糯黏腻，而是柔韧爽口有嚼劲，荤菜出现了素食的口感，配合这道甜食整体降低的出品温度，消解了这个传统甜食会带来的饱胀感和腻感，更符合现代生活需求。

芋泥在潮汕甜品里属于百搭选手。用它搭白果就是寻常家宴，搭燕窝就是重要宴席。林贞标把芋泥调得极稀，甚至刻意保持了它的颗粒感，不用猪油和糖压住芋头的质地和清香，让它和冰清玉洁的燕窝更相称。精彩之处是加入了橄榄作为点睛。橄榄是重要的潮汕元素，有了它，潮味就迸发出来了。

潮汕文化根系深厚而广阔，从红头船起航的年代开始，就善于向八方吸纳营养用以锚定自身。无论是过去的重油重甜，还是今日的轻油轻甜，真正的潮汕味道从来都不是一成不变的。它的内核是一种精工细作的方式，来自潮汕日常生活的同时反哺潮汕生活，这种交互使得潮汕味道拥有丰富的生命力。而潮汕人就站在这种以甜蜜期待为底色的生命力里，去追寻美好的生活，去创造甜蜜幸福的人生，这也就是我们共同的中国梦吧。